纺织服装类“十四五”部委级规划教材

数 智 时 尚 系 列 丛 书

AI与服装设计

主 编 胡潮江 罗 密

副主编 李允耕 石零平

参 编 刘毓歆 张瀚苧 刘鑫璇 宋 双

東華大學出版社

·上海·

图书在版编目（CIP）数据

AI与服装设计 / 胡潮江，罗密主编. -- 上海：东华大学出版社，2025. 2. -- ISBN 978-7-5669-2505-3

Ⅰ. TS941.2-39

中国国家版本馆CIP数据核字第2025F2K086号

策划编辑：徐建红
责任编辑：杜燕峰
封面设计：薛小博
版式设计：上海三联读者服务合作公司

AI与服装设计

AI YU FUZHUAGN SHEJI

主　编：胡潮江　罗　密
副主编：李允耕　石零平

出　版：东华大学出版社（上海市延安西路1882号，邮政编码：200051）
本 社 网 址：dhupress.dhu.edu.cn
天猫旗舰店：http://dhdx.tmall.com
营 销 中 心：021-62193056　62373056　62379558
印　刷：上海颛辉印刷厂有限公司
开　本：889mm × 1194mm　1/16
印　张：8.5
字　数：239千字
版　次：2025年2月第1版
印　次：2025年2月第1次印刷
书　号：ISBN 978-7-5669-2505-3
定　价：87.00元

《数智时尚系列丛书》编委会

前　言

在这个日新月异的时代，科技以前所未有的速度重塑着我们的生活，而时尚产业，这个永远追求创新与变化的领域，自然也不例外。当人工智能（AI）这一前沿科技邂逅古老而迷人的服装设计艺术时，一场前所未有的变革正悄然发生。正是基于这样的背景，我们精心编写了这本《AI与服装设计》，旨在探索AI如何为服装设计行业带来革命性的变化，以及这一融合将如何引领未来时尚的潮流。

回顾历史，服装设计一直是一门充满创意与灵感的艺术。设计师们通过巧妙的构思和精湛的手艺，将布料、色彩、图案等元素巧妙地融合在一起，创造出令人惊叹的服装作品。然而，随着时代的发展，人们对服装的需求不再仅仅局限于遮体保暖，而是更加注重个性化、多元化和智能化。这时，人工智能技术的出现，为服装设计带来了新的灵感和动力。

本书正是基于这样的洞察，全面而系统地介绍了AI在服装设计中的应用与前景。从第一章开始，我们就带领读者踏入人工智能的奇妙世界，了解AI的基础知识及其在服装设计中的核心应用。在这里，读者将了解到AI的基本原理、发展历程以及在各个领域的应用现状。紧接着，我们会深入探讨AI在服装设计中的应用意义、核心技术和AI思维。读者会发现，AI不仅能够帮助设计师提高工作效率，还能通过数据分析、预测趋势等方式，为设计注入更多的创新元素。

随着内容的深入，我们将逐步揭开AI在服装设计中的更多奥秘。从服饰设计类AI工具及平台的介绍，到AI服饰设计实践的详细剖析，再到服饰品牌AI设计案例的生动展示，每一步都充满了惊喜与启发。第四章是本书的实践环节，我们将通过一系列具体的案例，展示AI在服装设计中的实际应用。从服装主题企划设计到服饰图案设计，从智能色彩搭配到款式线稿的设计与变换，每一个环节都充满了挑战和乐趣。在这里，读者将亲身体验到AI技术如何与服装设计完美融合，创造出令人眼前一亮的作品。除了实践环节，本书还特别设置了第五章，专门介绍一些服装品牌的AI应用案例。从女装、男装到童装，从高级定制到内衣服饰，再到箱包和鞋靴，AI技术几乎渗透到了服装行业的每一个角落。通过这些生动的案例，读者将深刻感受到AI技术对服装品牌带来的深远影响。

当然，作为一本具有前瞻性的教材，我们并没有止步于现状的展示。在本书的最后一章，我们深入探讨了AI设计中的伦理问题以及未来趋势。我们深知，任何技术的发展都伴随着挑战与争议，而AI在服装设计中的应用也不例外。因此，我们希望通过这一章的探讨，引导读者更加理性地看待AI技术，思考如何在享受科技带来的便利的同时，保持设计的原创性与人文关怀。

在编写本书的过程中，我们得到了众多行业专家与学者的支持与帮助。他们不仅为我们提供了宝贵的资料与见解，更以其深厚的学术功底与丰富的实践经验，为本书内容添上了浓墨重彩的一笔。在此，我们满怀感激之情，向他们致以崇高的谢意。

感谢东华大学出版社编辑团队的精诚合作为本书的顺利出版铺设了坚实的基石。回望过往，我们已累积了累累硕果；展望未来，我们心中满怀憧憬与信心，将在这个充满无限可能的人工智能服装设计领域继续深耕细作，积极投身于实践与探索的浪潮之中。

最后，我们诚挚地邀请每一位对时尚与科技融合感兴趣的读者，翻开这本《AI与服装设计》，与我们一起探索这个充满无限可能的全新世界，一起感受科技与时尚碰撞所产生的独特魅力。

胡潮江

江西服装学院服装设计学院

目　录

第一章　导　言 …… 1

第一节　人工智能基础知识 …… 1

第二节　AI在服装设计中的应用现状 …… 4

第三节　AI在服装设计中的应用意义 …… 5

第四节　服装设计中的AI核心技术 …… 6

第二章　服装设计中的AI创新设计思维 …… 8

第一节　AI创新设计思维的构建 …… 8

第二节　数据驱动思维 …… 9

第三节　自动化与智能化辅助 …… 10

第四节　跨界融合与创新 …… 11

第五节　AI元设计创新方法 …… 12

第六节　用户反馈与优化设计 …… 12

第七节　协同创作与迭代 …… 13

第八节　量子思维与AI创新设计 …… 15

第九节　AI可持续设计 …… 16

第三章　服装设计类AI工具及平台 …… 18

第一节　服装设计类AI工具及平台介绍 …… 18

第二节　AI工具生成服装的方式 …… 35

第三节　服装设计类AI工具提示词编写 …… 37

第四章　AI服装设计实践 …… 41

第一节　服装主题企划设计 …… 41
第二节　服装图案设计 …… 44
第三节　AI智能色彩搭配 …… 47
第四节　款式线稿的生成与变换 …… 51
第五节　效果图的设计与变换 …… 60
第六节　AI自动推款 …… 70
第七节　多样服装风格的演绎 …… 72
第八节　模特的生成 …… 84
第九节　AI配饰设计 …… 92

第五章　服装品牌AI设计案例 …… 109

第一节　女装品牌中的AI应用案例 …… 109
第二节　男装品牌中的AI应用案例 …… 112
第三节　童装品牌中的AI应用案例 …… 114
第四节　高级定制服装品牌中的AI应用案例 …… 115
第五节　内衣服装品牌中的AI应用案例 …… 115
第六节　箱包品牌中的AI应用案例 …… 117
第七节　鞋靴品牌中的AI应用案例 …… 119

第六章　AI设计中的伦理与未来趋势 …… 123

第一节　AI设计中的伦理问题 …… 123
第二节　AI时代的市场与设计模式 …… 124
第三节　AI设计的未来趋势 …… 125

第一章 导 言

学习目标 1. 掌握人工智能的基本概念、原理及其在不同领域的应用趋势，为后续学习奠定理论基础。
2. 理解AI在服装设计中应用的重要性和潜在价值，熟悉服装设计中使用的关键AI技术，并理解这些技术如何支撑服装设计的创新与发展。

学习任务 1. 阅读并总结人工智能的基本概念、发展历程及主要技术分支。
2. 收集并整理AI在服装设计领域的具体应用实例。

服装设计是艺术设计最“时髦”的领域之一，从四大时装周一年分别举办两次和各种系列的发布会中就能看出流行趋势的变革速度之快。现代人对服装无论是时尚美感还是功能性都提出了更高的要求，这也使得服装设计行业市场竞争更为激烈。而人工智能技术的发展给服装设计师们带来了便利和不同的设计思路，AI与服装设计的结合，展现出的是人的主观能动性和计算机的强大计算能力的强强联合，既满足服装个性化、多元化的创新需求，又满足自动化、智能化的生产需求。由此将加速设计、生产变革，带来巨大的商业价值和社会效应。

第一节

人工智能基础知识

一、人工智能的定义

人工智能（Artificial Intelligence, AI）是一个广泛的领域，是指由计算机系统所表现出的智能行为，这种智能行为通常与人类智能相关，如学习、推理、理解自然语言、识别图像、解决问题以及制定决策等。人工智能并非一种单一的技术或方法，而是一个涵盖了多种学科和技术领域的广泛概念，这些领域包括但不限于计算机科学、数学、逻辑学、认知心理学、神经科学、哲学以及工程学等。

从广义上讲，人工智能可以分为弱人工智能和强人工智能两大类。弱人工智能，也称为狭义人工智能或应用人工智能，是指专注并擅长特定任务的人工智能系统。这些系统可以在特定领域内表现出与人类相当甚至超越人类的智能水平，但无法像人类一样具备全面的智能能力。例如，图像识别软件可以准确地识别照片中的物体，但无法像人类一样理解照片背后的情感和故事。

强人工智能，是指具备与人类智能相当甚至超越人类智能的全面能力的人工智能系统。这类系统不仅能够执行各种复杂的任务，还能像人类一样理解、学习和适应不断变化的环境。然而，目前的人工智能技术还远远没有达到强人工智能的水平，现有的AI系统大多属于弱人工智能的范畴。

人工智能的概念最早可以追溯到古希腊神话中的“塔罗斯”，一个青铜自动机械人。但现代人工智能的科学探索始于20世纪40年代，与计算机科学的诞生密切相关。1956年，约翰·麦卡锡（John McCarthy）等人在达特茅斯会议上首次提出了“人工智能”这一术语，标志着AI作为一门学科的正式诞生。

二、人工智能的发展历程

人工智能的发展历程漫长且曲折，主要经历了以下几个阶段（表1-1）：

（一）孕育阶段（古代—20世纪50年代）

1. 古代智能思想萌芽：人工智能的思想源头可以追溯到古代。古希腊哲学家亚里士多德提出的逻辑推理理论，为后来人工智能的逻辑推理方法奠定了基础。中国古代也有类似智能思想的体现，如鲁班制造的能飞三天的木鸟等传说，反映出古人对人造智能的想象。

2. 数理逻辑的发展：19世纪，英国数学家乔治·布尔的《思维规律的研究》、弗雷格的《概念文字》以及伯特兰·罗素和其老师怀特海的《数学原理》等著作，在数理逻辑研究上取得了极大的突破，为人工智能的理论发展提供了重要的逻辑基础。

3. 早期计算模型的出现：20世纪初，西班牙科学家莱昂纳多·托雷斯·奎维多制造出了世界上第一台可运行的国际象棋自动机，这是人工智能在机器博弈领域的早期尝试。此外，艾伦·图灵在二战结束后提出“图灵机”的概念，即以虚拟机器替代人脑进行数学运算的设想，为现代计算机的诞生提供了理论基础。

（二）诞生阶段（1956年）

1956年夏天，在美国达特茅斯学院举行了一次学术讨论会，约翰·麦卡锡、马文·明斯基、克劳德·香农、艾伦·纽厄尔、赫伯特·西蒙等学者聚在一起，从不同学科的角度探讨了人类各种学习和其他智能特征的基础，以及用机器模拟人类智能等问题，并首次提出了“人工智能”的术语。这次会议标志着人工智能这门新兴学科的诞生。

（三）早期发展阶段（1956年—20世纪70年代初）

1. 取得的成果：这一时期人工智能取得了一些显著的成果，如机器定理证明方面，纽厄尔、西蒙、肖合作研制成功的第一个启发程序“逻辑理论机”，可以对数学家证明数学定理过程中的某些思维方法和规律进行模拟，证明了《数学原理》第二章中的数学定理；塞谬尔研制出的具有自学能力的“跳棋程序”，能够积累下棋经验、向高明对手或通过棋谱学习不断提高棋艺；还有纽厄尔、西蒙、肖研制出的“通用问题求解程序”（GPS）等。

2. 发展的瓶颈：由于当时计算机的计算能力有限、数据量不足以及算法的不完善，人工智能在一些领域的发展遇到了瓶颈，例如机器翻译等项目的效果并不理想，这导致了人工智能发展在20世纪70年代初进入了第一个低谷期。

（四）专家系统与知识工程阶段（20世纪70年代中期—80年代末）

1. 专家系统的兴起：20世纪70年代中期，专家系统开始出现。1968年，美国科学家费根鲍姆研制成功第一个专家系统Dendral，它可以根据化学质谱分析数据来推断有机化合物的分子结构。此后，医疗专家系统Mycin、地质勘探专家系统等也相继诞生。专家系统的出现使人工智能从理论研究走向了实际应用。

2. 第五代计算机计划：20世纪80年代，日本启动了“第五代计算机研制计划”，旨在使计算机具备更强的智能处理能力，能够进行自然语言处理、知识推理等高级任务。虽然这一计划最终没有完全实现预期目标，但它推动了人工智能相关技术的研究和发展。

（五）神经网络与深度学习的发展阶段（20世纪80年代末—21世纪初）

1. 神经网络的复苏：20世纪80年代末，神经网络技术重新受到关注。1987年，美国召开第一次神经网络国际会议，宣告了这一新学科的诞生。神经网络通过模拟人脑神经元的连接方式进行信息处理，具有很强的学习能力和自适应能力。

2. 深度学习的出现：21世纪初，随着计算机硬件性能的提升和数据量的急剧增长，深度学习技术逐渐兴起。深度学习是一种基于神经网络的机器学习方法，它可以自动从大量数据中学习特征和规律，在图像识别、语音识别等领域取得了突破性的进展。

（六）蓬勃发展阶段（2012年至今）

1. 重大事件推动：2012年，加拿大神经学家团队创造了一个名为“SPAUN”的具备简单认知能力的虚拟大脑；2016年，Google人工智能AlphaGo先后战胜围棋世界冠军李世石和柯洁，这一系列事件引起了全球对人工智能的高度关注，人工智能进入了蓬勃发展的阶段。

2. 技术广泛应用：人工智能技术在各个领域得到了广泛的应用，如医疗领域的疾病诊断、影像分析，交通领域的自动驾驶，金融领域的风险评估、智能客服，制造业的智能生产、质量检测等。同时，各大科技公司纷纷加大对人工智能的研发投入，人工智能产业迅速崛起。

表 1-1 人工智能的发展历程

阶段	时间范围	关键事件与成果
孕育阶段	古代—20 世纪 50 年代	1. 古代智能思想萌芽（如古希腊的逻辑推理理论、中国古代的智能想象） 2. 数理逻辑的发展（乔治 · 布尔、弗雷格、伯特兰 · 罗素等的研究） 3. 早期计算模型的出现（莱昂纳多 · 托雷斯 · 奎维多的国际象棋自动机、艾伦 · 图灵的“图灵机”概念）
诞生阶段	1956 年	在美国达特茅斯学院举行的学术讨论会上，首次提出了“人工智能”的术语，标志着人工智能学科的诞生
早期发展阶段	1956 年—20 世纪 70 年代初	1. 机器定理证明（如“逻辑理论机”证明了《数学原理》中的数学定理） 2. 具有自学能力的程序（如“跳棋程序”） 3. 通用问题求解程序（GPS） 4. 发展瓶颈（计算能力有限、数据量不足、算法不完善）
专家系统与知识工程阶段	20 世纪 70 年代中期—80 年代末	1. 专家系统的兴起（如 Dendral、Mycin、地质勘探专家系统等） 2. 日本启动“第五代计算机研制计划”，推动人工智能相关技术的研究和发展
神经网络与深度学习的发展阶段	20 世纪 80 年代末—21 世纪初	1. 神经网络的复苏（1987 年第一次神经网络国际会议） 2. 深度学习的出现（基于神经网络的机器学习方法，自动从数据中学习特征和规律）
蓬勃发展阶段	2012 年至今	1. 重大事件推动（如“SPAUN”虚拟大脑、AlphaGo 战胜围棋世界冠军等） 2. 技术广泛应用（医疗、交通、金融、制造业等领域） 3. 人工智能产业迅速崛起，科技公司加大研发投入

三、人工智能的主要分支

人工智能领域涵盖了多个重要分支，每个分支都有其独特的研究方向和应用领域。以下是几个主要分支的介绍。

（一）机器学习

1. 监督学习：利用已标记的训练数据来学习输入与输出之间的映射关系。常见算法有线性回归、逻辑回归、支持向量机、决策树等。例如，通过大量带有标签的房屋面积、位置、装修情况等信息以及对应的房价数据，训练一个模型来预测新房屋的价格。

2. 无监督学习：处理未标记的数据，旨在发现数据中的潜在结构或模式。例如聚类算法（如 K-Means 算法）可将数据分成不同的组，降维算法（如主成分分析）可降低数据的维度以方便后续处理。

3. 强化学习：智能体通过与环境不断交互，根据所获得的奖励或惩罚来调整自己的行为策略，以最大化累计奖励。比如在围棋游戏中，智能体通过不断尝试不同的落子策略，根据输赢结果来调整后续的决策，逐渐提高自己的下棋水平。

（二）神经网络

1. 前馈神经网络：信息单向流动，由输入层、隐藏层和输出层组成，适用于基本的分类和回归任务。比如简单的图像分类任务，输入图像的像素信息，经过各层神经元的计算处理，最终输出图像所属的类别。

2. 卷积神经网络：专门用于图像处理，通过卷积层提取图像的特征。例如在人脸识别中，卷积神经网络可以自动提取人脸的特征，如眼睛、鼻子、嘴巴等的位置和形状信息，从而实现准确的人脸识别。

3. 循环神经网络：适用于处理序列数据，如文本、语音等。它通过循环连接能够记住之前的信息，对于处理具有时间顺序的数据非常有效。例如在机器翻译中，循环神经网络可以根据输入的源语言句子的先后顺序，逐词生成目标语言的翻译结果。

（三）自然语言处理

1. 语言理解：包括文本分类（如将新闻文章分为体育、娱乐、政治等不同类别）、情感分析（判断文本所表达的情感是积极的、消极的还是中性的）、文本挖掘（从大量文本中提取有用的信息和知识）等。

2. 语言生成：例如机器翻译（将一种自然语言自动翻译成另一种自然语言）、文本摘要（自动提取文本的主要内容生成简短的摘要）、对话系统（实现人机之间的自然对话）等。

（四）计算机视觉

1. 图像分类：对图像中的对象进行识别和分类，确定图像中包含的物体是什么类别，比如识别图片中的动物是猫、狗还是其他动物。

2. 目标检测：不仅要识别出图像中的物体，还要确定物体的位置和边界框。例如在安防监控视频中，检测出画面中出现的人员和车辆的位置。

3. 图像分割：将图像划分为不同的区域，并为每个像素标记所属的类别，以便更精细地理解图像的内容。比如在医学影像中，将病变组织从正常组织中分割出来。

（五）机器人学

研究机器人的设计、制造、运作和应用，以及控制它们的计算机系统、传感反馈和信息处理。机器人可以分为固定机器人和移动机器人，在工业制造、医疗、服务、探索等领域都有广泛应用。

（六）专家系统

模仿人类专家的决策能力，通过知识库和推理引擎解决复杂问题。知识库存储相关领域专家的知识和经验，推理引擎利用这些知识进行推理和判断。例如在医疗诊断中，专家系统可以根据患者的症状、检查结果等信息，给出诊断建议和治疗方案。

（七）模糊逻辑

处理不确定性和模糊性的数学方法，适用于模糊和非精确数据。通过模糊集合和模糊规则进行推理和决策，在控制系统、模式识别和决策支持系统等领域有应用。

（八）进化计算

基于自然选择和遗传学原理的优化算法，常见的有遗传算法、遗传编程和差分进化。通过选择、交叉和变异等操作来寻找最优解，在优化问题、机器学习模型优化和自动化设计等领域有广泛应用。

（九）智能控制与优化

利用人工智能的方法和技术，对复杂系统进行控制和优化。例如，智能决策支持系统可以帮助人们在复杂的情况下做出决策，智能调度系统可以优化交通、物流等领域的资源分配。

（十）知识图谱

将知识以结构化的形式表示，用于知识推理和问答。它可以将各种实体、概念及其关系进行关联和整合，为人工智能系统提供更丰富的知识基础，以便更好地理解和处理问题。

第二节

AI在服装设计中的应用现状

AI技术在服装设计领域的应用正变得日益广泛和深入，从设计灵感的生成到最终产品的实现，AI技术正在改变服装设计的各个环节。

一、设计灵感与图案创作

AI技术能够通过分析大量的时尚数据和趋势，为设计师提供创意灵感和图案设计。例如，上海科技大学、宾夕法尼亚大学和Deemos科技联合推出的3D服装生成框架DressCode，支持用户通过文本描述来自动生成各种风格和材质的3D服装模型。此外，AI平台如Tiamat和Take Five合作，通过AI生成艺术图案，辅助设计师创造新系列中的印花和秀场布置；知衣科技与西湖心辰联合推出了面向服装设计行业的AI大模型“Fashion Diffusion”，该产品能够在短时间内生成大量设计草案，提高了服装设计的效率和创新性。它通过分析大量的时尚数据，为设计师提供创意灵感和图案设计，已经在央视四套《中国新闻》节目中得到展示和认可。

二、虚拟试穿与模特生成

AI技术的应用不仅在于设计创作，还扩展到了虚拟试穿和模特生成方面。通过高级的图像生成技术，AI可以创建逼真的虚拟模特，这些模特可以穿上设计好的服装，进行虚拟展示。这种方法不仅节省了实体模特的成本，还提高了设计的迭代速度。例如，奢侈品牌包黎世家（Balenciaga）的虚拟时装秀中，品牌利用AI技术创作了一场全虚拟的时装秀，展示了未来感十足的服装设计。这种应用不仅节省了实体时装秀的成本，还吸引了全球观众的注意，展示了AI在时尚领域的潜力。

三、供应链优化与趋势预测

在供应链管理方面，AI技术通过分析消费者数据和市场趋势，帮助企业优化库存管理和生产计划。通过机器学习和决策支持系统，AI可以预测流行趋势，指导设计师创作出更符合市场需求的产品。例如CHIMER AI，一个由AI驱动的服装设计与生产平台，它通过深度学习算法，探索服装品牌基因与流行趋势的最大公约数。该平台能够生成符合品牌风格和市场趋势的设计，提高设计效率和市场反应速度。

四、教育与培训

在教育领域，AI技术也被用于辅助服装设计教学。北京服装学院的青年教师于茜子在AI时尚领域的研究成果，展示了AI技术在加速设计过程、减少浪费并支持可持续发展方面的潜力。

五、个性化设计

AI技术还可以根据消费者的个性化需求，提供定制化的设计方案。通过分析消费者的体型、偏好和购买历史，AI可以生成符合个人品味的服装款式，实现真正的个性化定制。例如Nike的个性化设计，Nike与AI公司合作，根据消费者的喜好和运动数据，为其提供个性化的鞋子设计。这种合作完美融合了功能与美观，让消费者享受到专属的设计体验。

六、环境可持续性

在环境保护和可持续发展方面，AI技术通过优化设计流程和减少样品制作，帮助减少时尚产业对环境的影响。AI技术的应用不仅提高了设计效率，还减少了资源浪费，支持了可持续时尚的发展。

第三节

AI在服装设计中的应用意义

AI技术在服装设计中的应用正逐渐改变时尚产业的面貌。AI不仅为设计师提供新的工具和平台，还为整个服装设计流程带来了深远的影响。本节将探讨AI在服装设计中的应用意义，包括其对设计创新、生产效率、市场响应和可持续发展的贡献。

一、设计创新的加速器

AI技术的应用为服装设计带来了前所未有的创新速度。通过机器学习和深度学习算法，AI能够分析大量的历史和当前流行趋势数据，为设计师提供创意灵感和设计建议。这种数据驱动的方法不仅加速了设计过程，还提高了设计的创新性和多样性。例如，AI可以生成独特的图案和印花设计，帮助设计师探索新的风格和创意表达。

二、生产效率的提升

AI技术在服装设计中的应用还显著提高了生产效率。通过虚拟试衣和三维建模技术，设计师可以在不制作实体样品的情况下测试和修改设计。这不仅减少了材料浪费，还缩短了产品开发周期。此外，AI在供应链管理中的应用，如需求预测和库存优化等，进一步提高了生产效率和降低了成本。

三、市场响应的敏捷性

AI技术使服装品牌能够更快地响应市场变化。通过分析消费者行为和反馈，AI可以预测流行趋势，指导设计师创作出更符合市场需求的产品。这种敏捷的市场响应能力使品牌能够迅速适应消费者需求的变化，提高产品的市场竞争力。

四、可持续发展的推动力

AI技术在服装设计中的应用还有助于推动时尚产业的可持续发展。AI技术可以优化生产流程，减少资源浪费，支持环保材料的选择和使用。此外，AI在个性化设计中的应用减少了过度生产和库存积压，从而减少了时尚产业对环境的影响。

五、教育和培训的新机遇

AI技术为服装设计教育和培训提供了新的机遇。通过AI辅助的设计工具和平台，学生和新手设计师可以更快地学习设计技能，提高设计能力。AI还可以提供个性化的学习体验，根据学生的学习进度和风格偏好调整教学内容和难度。

六、创意与技术的融合

AI技术在服装设计中的应用促进了创意与技术的融合。设计师可以利用AI技术探索新的设计领域，如智能纺织品和可穿戴技术。这种融合不仅拓宽了设计师的视野，还为时尚产业带来了新的发展方向和商业机会。

第四节

服装设计中的AI核心技术

AI技术在服装设计中的应用依赖于一系列核心技术，这些技术共同推动了设计流程的创新和效率提升。以下是AI在服装设计中的几个关键技术及其应用意义。

一、机器学习和深度学习

机器学习（ML）是AI的一种实现方式，它使计算机能够通过数据和算法改进性能。深度学习（DL）作为ML的分支，主要依赖于深度神经网络来模拟人类的学习过程。在服装设计中，深度学习技术能够分析大量时尚数据，识别流行趋势，从而辅助设计师创作出符合市场趋势的作品。

二、计算机视觉

计算机视觉技术使计算机能够“看”和理解视觉信息。在服装设计中，这项技术可以用于分析设计图像、识别服装款式和图案，甚至在虚拟试衣应用中模拟服装在不同体型上的效果。

三、生成对抗网络（GANs）

GANs由生成器和判别器组成，通过对抗训练生成高质量的图像。在服装设计中，GANs能够生成新的服装图案和设计概念，提供无限的设计灵感。

四、变分自编码器（VAEs）

VAEs通过编码器和解码器结构生成数据，提取设计的关键特征，并生成具有相似特征的新设计。这项技术在服装设计中有助于创造新颖的图案和风格。

五、自然语言处理（NLP）

NLP技术使计算机能够理解和生成人类语言。在服装设计中，NLP可以解析设计说明和用户反馈，提供设计建议，甚至驱动服装生成框架，如上海科技大学推出的DressCode，它支持用户通过文本描述来自动生成各种风格和材质的3D服装模型。

六、3D可视化和建模

3D可视化和建模技术允许设计师在虚拟环境中创建和修改服装设计。这种技术改变了传统的设计和制版流程，提高了设计的迭代速度和准确性。

七、数据分析和挖掘

大数据分析技术能够处理和分析大量的消费者数据和市场信息，为设计师提供有关流行趋势和消费者偏好的洞察。这些信息对于指导设计决策和优化产品开发至关重要。

八、增强现实（AR）和虚拟现实（VR）

AR和VR技术为服装设计提供了沉浸式的体验。在虚拟试衣间中，消费者可以在购买前虚拟试穿服装，而设计师可以测试和展示设计，无需制作实体样品。

九、智能设计辅助工具

智能设计辅助工具，如AiDA，是一个由时装设计师主导的人工智能系统，它简化并大幅减少了整个时装设计流程时间，同时激发了创意灵感。AiDA包含基于人工智能的图像识别、关键点检视及生成

技术，以及可以精准辨识超过2300种颜色的细粒度时装色彩抽取系统。

小结

通过本章的学习，我们系统了解了人工智能的基础知识，包括其定义、发展历程及核心技术原理，为探讨AI在服装设计中的应用奠定了坚实的理论基础。随后，我们深入分析了AI在服装设计领域的当前应用现状，发现其在提高设计效率、促进创意创新方面发挥着重要作用。再次，我们探讨了AI在服装设计中的应用意义，认识到它不仅满足了消费者的个性化需求，还推动了服装产业的转型升级。最后，我们聚焦于服装设计中的AI核心技术，如图像识别、机器学习等，这些技术的不断突破为服装设计的未来发展提供了无限可能。总之，人工智能正深刻改变着服装设计的面貌，引领着行业向更加智能化、个性化的方向迈进。

思考题

1. 请结合当前服装设计行业的现状，分析AI技术的引入如何改变服装设计的流程、创新方式以及市场响应策略，并讨论这种变化对设计师、消费者以及整个服装产业链可能产生的影响。
2. 探讨服装设计中AI核心技术的最新进展，并预测未来5～10年内这些技术可能的发展方向。

第二章 服装设计中的AI创新设计思维

学习目标 1. 掌握AI创新设计思维的核心要素，理解并掌握AI在服装设计中的应用原理。

2. 学生需掌握AI元设计创新方法，理解其在实际服装设计中的应用。

学习任务 1. 分析服装设计中的AI创新案例，选择几个典型的服装设计AI创新案例进行深入分析，探讨AI技术如何应用于设计思维的各个环节。

2. 运用本章所学的AI创新设计思维和方法，结合个人兴趣或市场需求，设计一款具有创新性和实用性的服装产品。

第一节

AI创新设计思维的构建

在快速发展的科技时代，人工智能（AI）已经渗透到各行各业，服装设计领域也不例外。AI创新设计思维是结合人工智能技术与服装设计理念的全新思维方式，正逐步改变着设计师的工作方式和创作理念。通过结合AI技术与服装设计理念，设计师可以创造出更加个性化、智能化和可持续的服装产品。未来，随着AI技术的不断进步和应用场景的拓展，AI创新设计思维将在服装设计中发挥更加重要的作用。

一、AI创新设计思维的核心要素

AI创新设计思维作为服装设计领域的一种新兴思维方式，其核心要素包括以下几个方面。

（一）技术融合

AI技术，如机器学习、深度学习、自然语言处理等，与服装设计理念的深度融合是构建AI创新设计思维的基础。设计师需要了解并掌握这些技术的基本原理和应用场景，以便在设计中灵活运用。

（二）数据驱动

在AI创新设计思维中，数据是创新设计的核心驱动力。通过收集和分析用户行为、市场趋势、材质性能等大量数据，设计师可以更加精准地把握用户需求和市场变化，从而设计出更符合市场需求的服装产品。

（三）个性化定制

AI技术使得个性化定制成为可能。设计师可以利用AI算法分析用户的体型、肤色、喜好等特征，为用户提供量身定制的服装设计方案，满足用户的个性化需求。

（四）智能化生产

AI技术还可以优化服装生产过程，提高生产效率和产品质量。例如，通过AI算法对生产流程进行智能调度和监控，可以确保生产过程的稳定性和可控性。

（五）可持续发展

AI创新设计思维还强调可持续发展理念。设计师可以利用AI技术优化材料选择、减少资源浪费和环境污染，推动服装产业的绿色转型。

二、AI创新设计思维的构建过程

构建AI创新设计思维需要经历以下几个阶段。

（一）认知阶段

首先，设计师需要了解AI技术的基本原理和应用场景，以及服装设计领域的发展趋势和市场需求。通过学习和实践，逐步建立起对AI创新设计思维的认知基础。

（二）融合阶段

在认知基础上，设计师需要尝试将AI技术与服装设计理念相融合。这包括探索AI技术在服装设计中的应用场景、开发基于AI技术的设计工具和方法等。通过不断尝试和实践，逐步形成具有AI特色的服装设计理念。

（三）创新阶段

在融合阶段的基础上，设计师需要发挥创新思维，创造出具有独特性和竞争力的服装产品。这包括利用AI技术进行个性化定制、智能化生产等方面的创新实践，以及探索新的设计理念和风格等。

（四）评估与优化阶段

最后，设计师需要对创新设计成果进行评估和优化。通过收集用户反馈、分析市场数据等方式，了解设计成果的市场表现和用户满意度，以便对设计进行持续改进和优化。

三、AI创新设计思维在服装设计中的应用价值

AI创新设计思维在服装设计领域具有广泛的应用价值，具体表现在以下几个方面。

（一）提升设计效率

AI技术可以自动化处理一些繁琐的设计任务，如图案生成、色彩搭配等，从而减轻设计师的工作量，提高设计效率。

（二）增强设计创新性

AI技术为设计师提供了更多的设计灵感和创意来源，使得设计作品更加独特和富有创意。

（三）优化用户体验

通过AI技术进行个性化定制和智能化生产，可以为用户提供更加贴合其需求和喜好的服装产品，从而提升用户体验和满意度。

（四）推动产业升级

AI创新设计思维的应用可以推动服装产业的智能化升级和可持续发展，促进产业结构的优化和升级。

第二节

数据驱动思维

数据驱动思维为服装设计开辟了全新的可能，它不仅是技术进步的产物，更是设计思维与科学方法深度融合的体现。数据驱动思维，作为AI与服装设计中的重要组成部分，改变了设计师的创作方式，深刻影响了整个服装产业链的运行模式。本节将深入探讨数据驱动思维在服装设计中的应用、价值以及实践方法。

一、数据驱动思维概述

数据驱动思维，简而言之，是指基于大数据分析和洞察来指导决策和创新的思维方式。在服装设计中，这意味着设计师需要收集、整理并分析大量关于消费者偏好、市场趋势、面料性能、色彩搭配等多维度的数据，以此为基础进行创意构思和产品设计。

二、数据在服装设计中的应用

（一）消费者行为分析

通过分析社交媒体互动、购买记录、在线评论等数据，可以精准描绘消费者画像，理解其偏好变化，为个性化定制和精准营销提供依据。

（二）流行趋势预测

利用历史销售数据、时尚秀场分析、社交媒体热点追踪等手段，AI能够预测未来一段时间内的流行色彩、图案、款式等，帮助设计师提前布局。

（三）面料与工艺优化

通过对材料性能、生产成本、环境影响等数据的综合分析，AI可以辅助设计师选择最优面料，同时优化生产工艺，提升效率和可持续性。

（四）智能搭配推荐

基于用户偏好和穿搭场景，AI算法能自动生成个性化搭配建议，增强用户体验，促进销售转化。

三、数据驱动的价值体现

（一）提升设计效率

数据分析能够快速筛选出有价值的创意方向，减少试错成本，加速设计迭代。

（二）增强市场竞争力

通过精准预测和个性化设计，企业能更准确地满足市场需求，提升品牌竞争力。

（三）促进可持续发展

数据驱动的设计过程有助于识别环保材料和工艺，减少资源浪费，推动时尚行业的绿色转型。

（四）促进创新与合作

数据分析揭示的新趋势和未满足需求为设计师提供了广阔的创新空间，同时也促进了跨领域合作，如科技与时尚的融合。

四、实践数据驱动设计的步骤

（一）明确目标

首先确定希望通过数据分析解决的具体问题或达成的目标，如提升设计效率、优化用户体验等。

（二）数据收集

利用问卷调查、社交媒体监听、销售记录等手段，广泛收集相关数据。

（三）数据处理与分析

清洗数据，去除噪声，运用统计学方法或机器学习模型进行深度分析，提取有价值的信息。

（四）洞察与应用

基于分析结果，形成设计洞察，指导设计决策，如调整设计方向、优化产品特性等。

（五）评估与反馈

将设计成果投入市场后，持续收集反馈数据，评估效果，形成闭环迭代。

五、面临的挑战与应对策略

尽管数据驱动思维为服装设计带来了诸多机遇，但其也面临着数据隐私保护、数据质量、技术壁垒等挑战。应对这些挑战，需要做好以下工作。

1. 加强数据安全管理，确保合规使用用户数据。

2. 提升数据治理能力，确保数据的准确性和时效性。

3. 不断学习和掌握最新的AI技术和数据分析工具。

4. 促进行业内外的交流与合作，共享数据资源和技术成果。

第三节

自动化与智能化辅助

在服装设计的广阔领域中，自动化与智能化技术的融合正以前所未有的速度改变着设计师的工作方式，提升了设计的效率与质量，同时也为创意的无限延伸提供了可能。本节将深入探讨自动化与智能化辅助在服装设计中的应用，包括自动绘图工具、智能面料选择与匹配，以及基于大数据的个性化设计等关键方面。

一、自动绘图工具

随着AI技术的不断进步，自动绘图工具已成为服装设计师不可或缺的助手。这些工具利用深度学习算法，能够识别并理解设计师的初步草图或口头描述，自动生成高质量的设计图纸。例如，通过训练模型学习大量历史设计图案和流行趋势，AI可以智能推荐或生成符合特定风格或主题的设计图案，极大地缩短了从概念到成品的设计周期。此外，自动绘图工具还能实现色彩搭配的自动优化，确保设计在视觉上既和谐又富有冲击力。

二、智能面料选择与匹配

面料是服装设计的物质基础，其质感、颜色、纹理等因素直接影响着最终产品的视觉效果和穿着体验。AI技术的引入，使得面料的选择与匹配过程变得更加智能化。通过分析大量面料样本的数据（如成分、透气性、耐磨性等），AI系统能够为设计师提供基于设计需求和目标市场偏好的面料推荐。更进一步，结合3D打印技术，AI还能辅助设计出具有特殊功能或独特视觉效果的新型面料，如可变色面料、温度感应面料等，为服装设计开辟了新的创意空间。

三、基于大数据的个性化设计

在消费升级的背景下，消费者对服装的个性化需求日益增长。AI通过分析庞大的消费者行为数据、社交媒体趋势及历史销售记录，能够精准捕捉不同人群的审美偏好和购买习惯。基于此，AI可以辅助设计师进行个性化设计，如定制化的服装款式、颜色搭配乃至图案元素，确保每件作品都能精准触达目标消费者的心灵。此外，AI还能实现快速响应市场变化，灵活调整设计策略，以满足快速变化的市场需求。

四、智能化生产流程优化

除了设计阶段的辅助，自动化与智能化技术也在服装生产的各个环节发挥着重要作用。从裁剪、缝制到质量检测，AI和机器人技术的应用显著提高了生产效率，降低了人为错误，同时保证了产品质量的稳定性。例如，通过机器视觉技术，AI可以精确识别面料上的瑕疵，自动调整裁剪路径，避免材料浪费；智能缝纫机则能根据预设的设计参数，自动完成缝制任务，提高了生产线的灵活性和自动化水平。

自动化与智能化辅助技术正深刻改变着服装设计的面貌，它们不仅是提升设计效率和质量的有效手段，更是激发设计创新、满足个性化需求的重要驱动力。随着技术的不断成熟和应用的深化，未来的服装设计将更加多元化、智能化，为人类社会带来更加丰富多样的穿着体验和文化表达。作为服装设计师，掌握并善用这些技术，将是开启未来设计之门的钥匙。

第四节

跨界融合与创新

在AI技术的推动下，服装设计不再局限于传统领域，而是与多个行业和技术领域实现了深度跨界融合，催生出前所未有的创新设计理念和产品形态。通过与其他行业和技术领域的深度融合，服装设计不仅能够拓宽设计思路，激发新的创意灵感，还能推动整个产业的转型升级，为人类社会带来更加丰富多彩、富有科技感的穿着体验和文化表达。

本节将探讨AI在服装设计中促进跨界融合的方式，以及这种融合如何激发新的设计灵感，推动服装产业的创新发展。

一、艺术与科技的融合

艺术与科技的结合一直是推动设计创新的重要力量。在AI的助力下，服装设计不再仅仅是视觉上的艺术创作，更是科技应用的展示平台。设计师可以利用AI生成的艺术图像、动态光影效果或交互式面料，创造出超越传统审美界限的作品。例如，通过AI算法生成的艺术图案，结合可穿戴技术，使服装能够随着穿着者的动作或环境变化而展现出不同的视觉效果，实现服装与穿戴者之间的动态互动。

二、可持续性与环保性的融合

随着全球对环境保护意识的增强，可持续性成为服装设计不可忽视的重要议题。AI技术的应用为服装产业的绿色转型提供了新途径。通过分析大量数据，AI可以帮助设计师优化材料选择，减少浪费，同时预测市场需求，避免过度生产。此外，AI还能辅助开发新型环保材料，如生物降解材料、再生纤维等，推动服装产业向更加环保、可持续的方向发展。

三、健康与科技的融合

随着人们对健康生活的追求，智能穿戴设备在服装设计中的应用日益广泛。AI技术使得服装不仅能够提供基本的保暖或装饰功能，还能监测穿着者的生理指标，如心率、血压、睡眠质量等，甚至根据这些数据提供个性化的健康建议。这种跨界融合不仅拓展了服装的功能性，也为健康管理提供了新的解决方案。

四、文化与科技的融合

服装是文化传承的重要载体，而AI技术则为服装设计中的文化传承与创新提供了新的可能。通过分析历史服装数据、民族服装特征以及文化符号，AI可以帮助设计师更好地理解并传承传统文化，同时结合现代审美和科技元素，创造出既具有文化底蕴又不失时代感的服装作品。这种融合不仅丰富了服装设计的文化内涵，也促进了文化的交流与传播。

五、教育与科技的融合

AI技术在服装设计教育中的应用，为培养未来设计师的创新思维和实践能力提供了有力支持。通过虚拟现实（VR）、增强现实（AR）等技术，学生可以身临其境地体验设计过程，与AI辅助的设计工具进行互动，从而在实践中学习和掌握设计技能。

此外，AI还能根据学生的学习进度和兴趣偏好，提供个性化的学习资源和指导，提高教育效率和质量。

第五节

AI元设计创新方法

在服装设计领域，AI元设计创新方法作为一种新兴的设计理念与工具，正逐步改变着设计师的工作流程和思维方式。本节将探讨AI元设计创新方法的概念、特点及其在服装设计中的应用，以期为设计师提供新的设计思路和工具。

一、AI元设计创新方法概述

AI元设计创新方法是指利用人工智能技术和算法，对服装设计过程进行深度分析和优化，从而创造出更加高效、智能和个性化的设计方法。这种方法不仅关注设计的最终结果，更重视设计过程中的数据分析、智能决策和个性化定制等环节。通过AI技术，设计师可以更加精准地把握市场趋势、消费者需求以及设计元素的搭配，从而提升设计的创新性和市场竞争力。

二、AI元设计创新方法的特点

（一）数据驱动

AI元设计创新方法依赖于大量数据的收集、分析和处理。通过挖掘市场趋势、消费者行为、设计元素等数据，AI可以为设计师提供精准的设计指导和建议。

（二）智能决策

基于深度学习和机器学习算法，AI能够自动分析和优化设计过程，帮助设计师快速做出决策，提高设计效率和质量。

（三）个性化定制

AI元设计创新方法注重满足消费者的个性化需求。通过分析消费者的身体数据、喜好和购买历史等信息，AI可以为每个消费者提供独一无二的设计方案。

（四）协同创作

AI可以作为设计师的得力助手，与其进行协同创作。设计师可以通过与AI的互动，快速生成大量设计选项，并从中挑选出最佳方案。

三、AI元设计创新方法在服装设计中的应用

（一）设计灵感生成

AI可以通过分析大量时尚图像、历史设计案例和消费者偏好等数据，自动生成新颖、独特的设计灵感。这些灵感可以激发设计师的创造力，为其提供更多的设计选择。

（二）设计过程优化

AI可以协助设计师完成图案生成、款式设计、色彩搭配等设计任务，提高设计效率。同时，AI还能对设计过程进行实时分析和优化，确保设计方案的合理性和可行性。

（三）虚拟试穿与反馈

利用AI技术，设计师可以为消费者提供虚拟试穿体验。消费者可以在虚拟环境中试穿不同款式、颜色和尺寸的服装，并实时获得反馈。这种方式不仅提高了消费者的参与度，还有助于设计师更好地了解市场需求和消费者偏好。

（四）个性化定制服务

基于消费者的身体数据和喜好，AI可以生成个性化的服装设计方案。这些方案不仅符合消费者的个性化需求，还能提高服装的舒适度和穿着体验。

（五）供应链管理与优化

AI还可以对服装供应链进行管理和优化。通过分析销售数据、库存情况和生产进度等信息，AI可以帮助企业做出更准确的库存决策和生产计划，降低库存成本和提高生产效率。

第六节

用户反馈与优化设计

设计的最终目的是服务用户，满足其需求与期望。用户反馈与优化设计是AI辅助服装设计中不可或缺的一环，对于持续优化设计、提升用户体验至关重要。本节将探讨“用户反馈与优化设计”在AI辅助服装设计中的应用与实践。

一、用户反馈的收集与分析

（一）多渠道反馈收集

在AI时代，用户反馈的收集不再局限于传统的问卷调查或面对面访谈。通过社交媒体、电商平台、智能穿戴设备等多元化渠道，设计师可以实时、全面地捕捉用户对于服装设计、穿着体验、售后服务等方面的反馈。AI技术能够自动整合这些来自不同平台的数据，形成统一的分析报告。

（二）情感分析与语义理解

利用自然语言处理（NLP）和情感分析技术，AI能够深入解读用户反馈中的情感倾向和潜在需求。无论是正面的赞扬还是负面的批评，AI都能准确捕捉并分类，帮助设计师快速定位问题所在，理解用户的真实感受。

二、基于AI的用户画像构建

（一）个性化用户画像

通过分析用户的购买历史、浏览行为、社交互动等多维度数据，AI可以构建出精细化的用户画像。这些画像不仅包括用户的年龄、性别、地域等基本信息，还涵盖其审美偏好、消费习惯、生活方式等深层次特征，为设计师提供定制化的设计参考。

（二）用户细分与精准营销

基于用户画像，设计师可以对目标市场进行细分，针对不同用户群体推出更加符合其需求的设计方案。同时，AI还能辅助制定精准的营销策略，提高市场推广的效率和效果。

三、AI辅助的优化设计流程

（一）设计迭代与优化

AI能够根据用户反馈，自动调整设计参数，如色彩搭配、图案风格、版型尺寸等，进行快速迭代。设计师可以在AI的辅助下，轻松实现设计的微调与优化，确保最终产品更加贴近用户需求。

（二）虚拟试穿与体验优化

利用增强现实（AR）和虚拟现实（VR）技术，AI可以为用户提供虚拟试穿体验，让用户在设计阶段就能直观感受服装的穿着效果。根据用户的反馈和虚拟试穿数据，设计师可以进一步优化设计细节，提升用户体验。

四、用户参与与共创设计

（一）用户共创平台

AI技术可以搭建用户共创平台，让用户直接参与到设计过程中来。通过在线投票、设计挑战、社区讨论等形式，设计师可以收集用户的创意和意见，形成更加符合市场需求的设计方案。

（二）构建开放式创新生态系统

AI辅助的开放式创新生态系统鼓励设计师、用户、供应商等多方参与，共同推动服装设计的创新与发展。在这个生态系统中，用户不仅是产品的使用者，更是设计的参与者和贡献者，他们的反馈和建议成为推动设计进步的重要动力。

五、用户反馈与设计的持续循环

（一）建立闭环反馈机制

建立闭环反馈机制是确保用户反馈得到有效利用的关键。设计师应定期回顾和分析用户反馈数据，将其作为设计改进的重要依据。同时，通过持续的产品更新和服务优化，不断提升用户满意度和忠诚度。

（二）长期用户关系管理

AI技术还可以帮助设计师建立长期的用户关系管理系统，跟踪用户的购买历史、使用习惯、反馈变化等信息，为未来的设计提供有力的数据支持。通过维护良好的用户关系，设计师可以不断挖掘用户的潜在需求，推动设计的持续创新与发展。

第七节 协同创作与迭代

从设计灵感的挖掘到设计过程的优化，AI技术正逐步重塑着服装设计的每一个环节。本节内容将聚焦于“协同创作与迭代”，探讨AI如何促进设计团队、设计师与消费者之间的紧密合作，以及如何通过持续的迭代过程，不断提升设计作品的质量与个性化水平。

一、AI促进的协同创作模式

（一）多方协同，打破壁垒

AI技术为服装设计师、工程师、面料供应商等多方参与者提供了高效的协同平台。通过云端设计工具与数据共享机制，各方可以实时查看设计进展，提出修改建议，实现无缝衔接。这种协同创作模式打破了传统设计流程中的信息孤岛，使得设计决策更加科学、合理。

例如，AI技术打破了传统设计流程中的信息不对称，使设计师能够更直接地了解消费者的需求与偏好。通过消费者调研、在线反馈系统以及AI情感分析技术，设计师可以即时获取消费者的意见与建议，将这些信息融入设计过程中，实现真正的“以用户为中心”的设计。此外，AI还能为消费者提供虚拟试衣体验，让消费者在设计初期就能参与到设计过程中，共同塑造理想中的服装。

（二）智能匹配，优化团队

AI算法能够根据设计师的专长、风格以及项目需求，智能匹配最合适的团队成员。例如，当项目需要融入特定文化元素时，AI可以推荐具有相关文化背景的设计师加入团队。这种智能匹配机制有助于构建多元化的设计团队，激发更多创新灵感。例如，AI技术为设计团队提供了高效的协作平台。通过云端设计工具与AI辅助设计系统，设计师可以实时共享设计稿、材料信息、版型数据等，实现团队内部的无缝衔接。AI还能智能分析每位设计师的专长与偏好，自动分配任务，优化工作流程，提高团队协作效率。

二、AI驱动的迭代优化过程

（一）智能评估与反馈

AI技术能够智能评估设计作品的质量，包括色彩搭配、图案设计、版型适配等多个维度。通过机器学习算法，AI可以自动识别设计中的潜在问题，提供针对性的改进建议。这种智能评估与反馈机制，使设计师能够更快地发现问题，减少设计错误，提升设计效率。

（二）持续迭代与优化

AI技术为设计迭代提供了强大的支持。在初步设计完成后，AI可以根据消费者的反馈、市场趋势以及设计师的意图，自动调整设计参数，生成多个优化方案。设计师可以在这些方案中选择最佳方案，或进一步修改，形成新的设计迭代。这种持续的迭代过程，使设计作品能够不断逼近消费者的理想状态，提升设计作品的满意度与个性化水平。

（三）实时模拟与测试

AI技术还能实现设计作品的实时模拟与测试。通过3D建模与渲染技术，AI可以生成设计作品的虚拟模型，模拟其在不同场景下的效果。设计师可以在虚拟环境中对设计作品进行调整与优化，避免在实际制作过程中出现不必要的问题。此外，AI还能模拟消费者的穿着体验，评估设计的舒适度与功能性，为设计迭代提供重要参考。

三、协同创作与迭代在服装设计中的应用

（一）虚拟设计工作室

一些领先的服装品牌已经建立了基于AI的虚拟设计工作室，设计师可以在其中与全球各地的团队成员进行实时协作。AI系统负责整理设计思路、分配任务、监控进度，并提供智能建议。这种工作模式不仅提高了设计效率，还促进了跨地域、跨文化的创意碰撞。

（二）个性化定制服务

在个性化定制服务中，AI技术通过收集消费者的体型数据、风格偏好等信息，与设计师协同工作，快速生成符合消费者需求的个性化设计方案。在迭代过程中，AI会不断分析消费者的反馈意见，对设计方案进行微调，确保最终产品能够满足消费者的期望。

四、协同创作与迭代对服装设计行业的影响

（一）提升设计效率与质量

协同创作与迭代模式使得设计团队能够充分利用各自的专业优势，快速响应市场变化，提升设计效率与质量。同时，AI技术的引入为设计师提供了强大的数据支持，使得设计决策更加科学、精准。

（二）推动创新设计

在协同创作与迭代的过程中，设计师能够不断尝试新的设计理念与技术手段，激发更多创新灵感。AI技术的智能匹配与推荐功能也为设计师提供了更多元化的设计元素与灵感来源，推动了服装设计的创新发展。

（三）增强消费者参与感

通过个性化定制服务等方式，消费者可以更加深入地参与服装设计的过程中来。AI技术能够根据消费者的反馈意见不断优化设计方案，使得最终产品更加符合消费者的期望与需求。这种增强消费者参与感的方式有助于提高品牌忠诚度与市场竞争力。

第八节

量子思维与AI创新设计

量子思维鼓励人们打破传统思维的局限，以更加开放、灵活的态度面对复杂多变的世界。在探讨服装设计中的AI创新设计思维时，量子思维作为一种前沿且富有启发性的思考方式，为我们提供了全新的视角。量子思维强调不确定性、关联性和整体性，这与传统服装设计中注重确定性、独立性和局部性的思维方式形成鲜明对比。本节将探讨量子思维如何与AI创新设计相结合，为服装设计领域带来革命性的变革。

一、量子思维的基本概念

量子思维起源于量子力学，这一物理学领域的研究揭示了微观世界中粒子行为的奇异特性，如叠加态、纠缠和不确定性原理。量子思维将这些概念抽象并应用于更广泛的领域，强调以下几点。

（一）不确定性

量子世界中，粒子的状态是概率性的，直到被观测时才确定。量子思维鼓励我们接受并拥抱不确定性，认为未来并非完全可预测，而是充满可能性。

（二）关联性

量子纠缠现象表明，即使粒子相隔甚远，它们之间仍存在着即时的相互影响。量子思维强调事物之间的内在关联，认为任何变化都可能引发整个系统的响应。

（三）整体性

量子力学中的波函数描述了系统的整体状态，而非单个粒子的状态。量子思维倡导从整体出发，理解系统的行为和特性。

二、量子思维与AI创新设计的内在联系

（一）不确定性与设计创新

在量子世界中，不确定性是基本特征之一。同样，在服装设计领域，市场趋势、消费者需求等因素也充满了不确定性。量子思维鼓励设计师拥抱不确定性，将其视为创新设计的源泉。通过AI技术，设计师可以收集并分析大量数据，从中发现潜在的市场机会与消费者需求，进而创造出符合时代潮流的服装设计。

量子思维的不确定性原则鼓励设计师在AI辅助下探索更多的创意可能性。AI算法可以生成大量设计方案，每个方案都是基于不确定性的结果，从而激发设计师的创造力，促进设计的多样性和新颖性。

（二）叠加态与多元化设计

量子叠加态意味着一个量子系统可以同时处于多个状态。在服装设计中，这可以启发设计师采用多元化设计理念，将不同风格、材质、色彩等元素进行叠加组合，创造出具有独特魅力的设计作品。AI技术可以帮助设计师快速实现这种多元化设计，通过算法生成大量设计方案，供设计师选择或进一步优化。

（三）纠缠态与协同设计

量子纠缠是一种神秘而强大的现象，它表明两个或多个量子系统之间可以存在一种超越空间的联系。在服装设计中，这种纠缠状态可以类比为设计师、工程师、面料供应商等多方参与者之间的紧密协作。AI技术为这种协同设计提供了可能，通过构建智能协同平台，实现设计信息的实时共享与高效沟通，促进各方之间的深度合作与创新。

三、量子思维在AI创新设计中的应用

（一）量子启发算法在服装设计中的应用

量子启发算法是一种借鉴量子计算原理的优化算法，它在解决复杂优化问题方面具有显著优势。在服装设计中，量子启发算法可以用于优化服装设计方案，如色彩搭配、图案设计等。通过模拟量子系统的演化过程，算法可以快速找到最优解或近似最优解，提高设计效率与质量。

（二）量子思维指导下的个性化定制服务

在个性化定制服务中，量子思维强调以消费者

为中心，充分考虑其个性化需求与偏好。AI技术可以收集并分析消费者的体型数据、风格偏好等信息，结合量子启发算法生成符合消费者期望的个性化设计方案。同时，量子思维还鼓励设计师在设计中融入更多创新元素，以满足消费者对新鲜感的追求。

四、量子思维对服装设计行业的启示

（一）拥抱不确定性，鼓励创新

量子思维提醒我们，不确定性是创新设计的重要源泉。服装设计行业应积极拥抱不确定性，鼓励设计师勇于尝试新的设计理念与技术手段，不断推动行业创新发展。

（二）强化协同合作，促进创新

量子纠缠态启示我们，协同合作是实现创新设计的重要途径。服装设计行业应加强各方之间的沟通与协作，共同探索新的设计方向与技术手段，形成协同创新的良好氛围。

（三）关注个性化需求，提升用户体验

量子思维强调以消费者为中心，关注其个性化需求与偏好。服装设计行业应借助AI技术深入了解消费者需求，提供个性化定制服务，提升用户体验与满意度。

第九节

AI可持续设计

在服装设计领域，可持续性已成为一个不可忽视的重要议题。随着全球对环境保护意识的增强，如何在设计中融入可持续理念，减少资源浪费和环境污染，已成为设计师们亟待解决的问题。AI技术的引入，为服装设计的可持续性发展提供了新的解决方案和创新思路。本节将探讨AI在服装可持续设计中的应用，包括材料选择、生产优化、循环利用以及消费者教育等方面，旨在推动服装产业的绿色转型。

一、AI在材料选择中的应用

（一）智能材料识别

AI技术能够识别和分析各种材料的成分、性能和环境影响，帮助设计师在设计初期就选择环保、可持续的材料。通过深度学习算法，AI可以快速筛选出符合环保标准的面料，如有机棉、再生纤维等，减少对传统资源的依赖。

（二）材料优化

AI还能对材料的性能进行优化，提高材料的利用率和耐用性。例如，AI可以分析不同材料的耐磨性、抗皱性和透气性等指标，通过算法优化材料的组合和使用方式，降低材料浪费，延长服装的使用寿命。

二、AI在生产优化中的作用

（一）智能排产与调度

AI技术可以优化服装生产过程中的排产与调度，减少生产过程中的能耗和浪费。通过精准预测生产需求，AI可以实现生产资源的合理分配，提高生产效率。

（二）质量控制与缺陷检测

AI算法能够自动识别并检测服装生产过程中的质量问题，如线头、色差等，从而减少不良产品的产生，降低浪费。

三、AI促进资源循环利用

（一）智能回收

AI技术可以识别和分析废旧服装的材料成分和可回收性，为废旧服装的回收和再利用提供科学依据。通过智能分类和分拣系统，AI可以高效地将废旧服装进行分类和处理，提高回收效率。

（二）再生设计

AI还能辅助设计师将废旧服装转化为新的设计元素和产品。通过深度学习算法，AI可以分析废旧服装的款式、颜色、图案等特征，生成新的设计灵感和方案，实现废旧服装的再生利用。

四、AI在消费者教育中的角色

（一）智能推荐

AI技术可以根据消费者的偏好和购买历史，智能推荐符合可持续理念的服装产品。通过算法分析消费者的购买行为和环境意识，AI可以引导消费者选择环保、可持续的服装产品，提高消费者的环保意识。

（二）信息透明化

AI还可以帮助服装企业实现产品信息的透明

化。通过智能标签和追溯系统，AI可以记录服装产品的全生命周期信息，包括材料来源、生产过程、能源消耗等，让消费者更加了解产品的环保属性。

小结

本章探讨了服装设计中AI创新设计思维的多个方面。从构建AI创新设计思维的基础框架开始，逐步深入到数据驱动、自动化与智能化辅助等核心环节，展现了AI在服装设计中的广泛应用和深远影响。通过跨界融合与创新，AI为服装设计带来了前所未有的灵感与可能性。同时，AI元设计创新方法的提出，进一步推动了设计的精细化和个性化。用户反馈与优化设计、协同创作与迭代等理念，则强调了设计过程中的互动性和持续优化。最后，量子思维与AI可持续设计的引入，为服装设计的未来发展提供了更为广阔的视野和思考。

思考题

1. 在服装设计中，AI创新设计思维如何体现数据驱动的特点？
2. 跨界融合在AI辅助的服装设计中扮演着怎样的角色？请分析至少两个不同领域（如科技、艺术、文化等）的融合案例，探讨它们如何促进服装设计的创新与发展。
3. 在AI可持续设计的理念下，服装设计师应如何运用AI技术来减少资源消耗和环境影响，同时保证设计的创新性和实用性？

第三章 服装设计类AI工具及平台

学习目标 1. 理解服装设计类AI工具及平台的基本概念。

2. 掌握AI工具生成服装的多种方式。

3. 精通服装设计类AI工具提示词的编写。

学习任务 1. 对比不同AI设计平台的特点和优势，选择适合个人或团队需求的平台。

2. 实践AI工具生成服装的方式，编写服装设计类AI工具提示词。

第一节

服装设计类AI工具及平台介绍

在数字化时代，人工智能（AI）技术正逐步渗透到各个行业，服装设计领域也不例外。服装设计类AI工具及平台作为新兴的技术力量，正逐步改变着设计师的工作方式和创作流程。本节将介绍一些主流的服装设计类AI工具及平台，帮助读者了解这一领域的最新动态。

一、国际绘图AI工具及平台介绍

在全球化的数字艺术领域，AI绘图工具正成为创意表达的新媒介。在人工智能技术的飞速发展下，绘图AI工具及平台已经成为创意产业中的重要组成部分。这些工具利用深度学习、生成对抗网络（GAN）等先进技术，能够根据用户的输入信息生成高质量、独特的图像作品。本节将介绍几个国外知名的绘图AI工具及平台，帮助读者了解并应用这些创新工具。

（一）Midjourney平台

Midjourney是一个功能强大且不断发展的AI图像生成平台（图3-1）。它为用户提供了根据自然语言描述生成图像的能力，并在多个行业中得到了广泛应用（图3-2）。Midjourney由总部位于旧金山的独立研究实验室Midjourney, Inc.创建和托管。该平台由大卫·霍尔茨（David Holz）创立，他此前曾与别人共同创立Leap Motion，一家主要研发增强现实（AR）和虚拟现实（VR）设备的公司。

Midjourney的具体功能主要包括下面四个方面。

1. 图像生成：Midjourney的核心功能是根据自然语言描述（称为“提示词”）生成图像。用户可以通过输入简单的文本提示，如描述一个场景、物体

图3-1 Midjourney图标

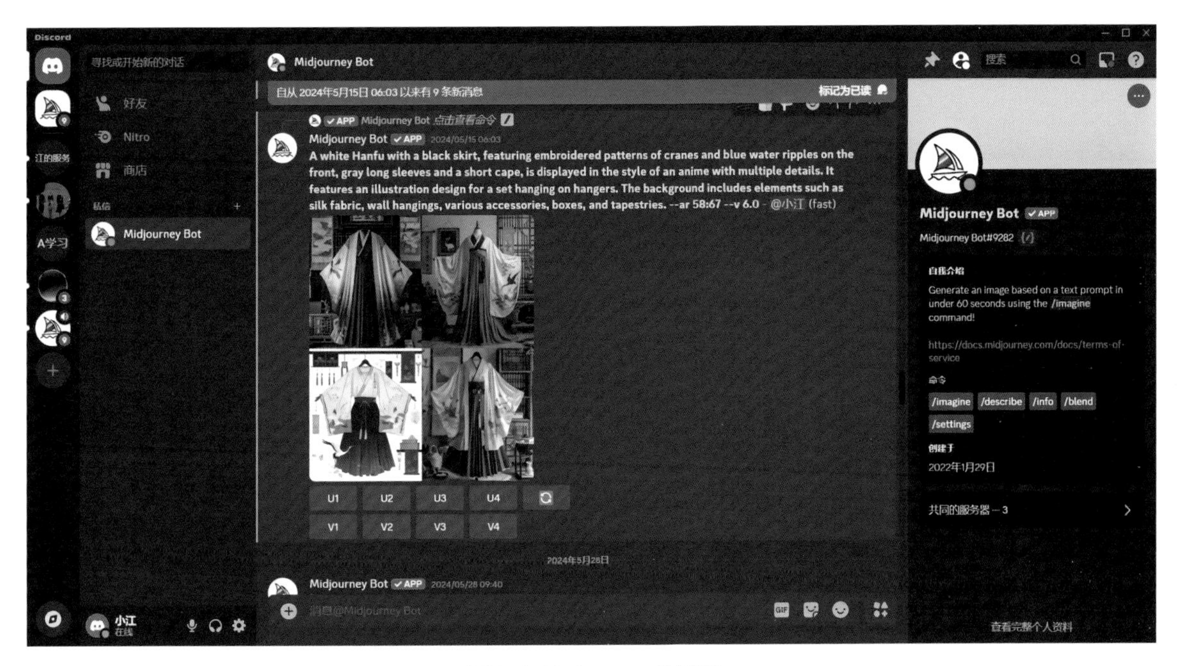

图3-2 Midjourney的界面

或情感，来生成与之匹配的图像。

2. 个性化定制：用户可以根据自己的喜好和偏爱，定制个性化的图像生成请求。例如，通过调整提示词中的权重分配，可以突出图像的特定方面。

3. 版本迭代与改进：随着版本的更新，Midjourney在理解提示词和生成图像的准确性、写实性方面有了显著改进。不同版本中输入相同提示词，得到的图像在细节、比例和谐度上会有显著差异。

4. 用户互动与分享：Midjourney鼓励用户通过社交媒体分享生成的图像，这种互动不仅促进了平台的普及，也为AI艺术的发展提供了丰富的用户反馈。

Midjourney已在广告和建筑等各个行业中得到应用，为定制广告提供了新机会，使广告更加高效。建筑师还可使用该软件为项目生成情感板。它还曾用于创建名为“Alice and Sparkle”的AI生成儿童书中的图像，并出现在《经济学人》封面等媒体上。Midjourney图像在2022年科罗拉多州博览会的数字艺术比赛中获得了第一名。

（二）Stable Diffusion

Stable Diffusion是一款强大的人工智能图像生成模型（图3-3），支持多种艺术风格，包括抽象画、风景画、肖像画等，还支持对现有图片进行增强、修复、变形、合成等操作。

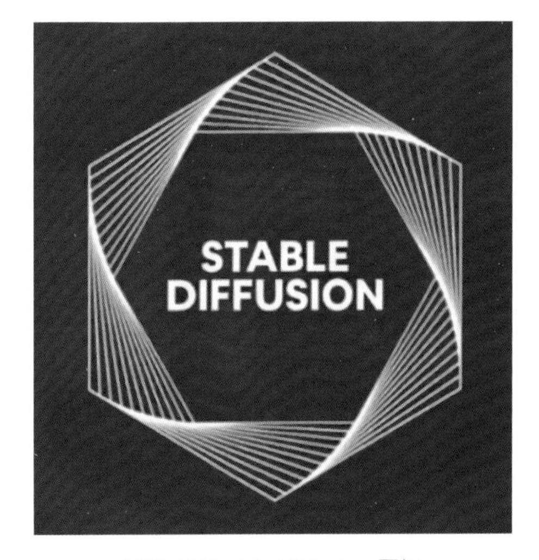

图3-3 Stable Diffusion图标

Stable Diffusion由慕尼黑大学的CompVis研究团体开发，是一个基于深度学习的生成性人工神经网络。该项目得到了Stability AI、Runway等公司的合作与支持，同时EleutherAI和LAION也为其提供了帮助。Stable Diffusion的开源特性（模型、代码、训练数据、论文、生态等全部开源）吸引了大量AI绘画爱好者和行业从业者的关注与参与，共同推动了AIGC领域的发展与普惠。

Stable Diffusion自2022年发布以来，经历了不断的改进和优化。其发展历程包括算法的改进、模型的更新以及对不同应用场景的适应等方面的进展。随着技术的不断迭代，Stable Diffusion在图像生成领域的表现越来越出色，逐渐成为该领域的重要工具（图3-4）。

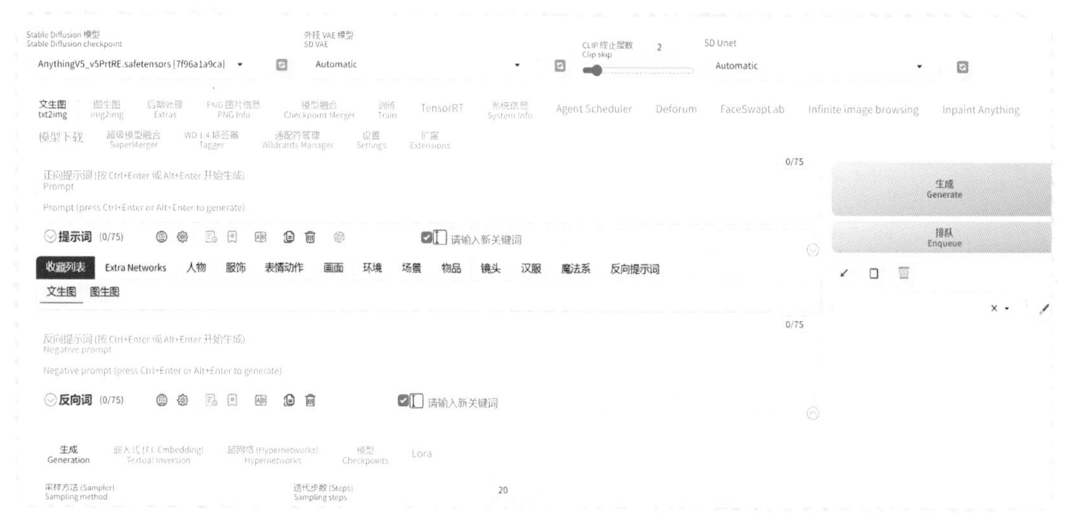

图3-4 Stable Diffusion的操作界面

Stable Diffusion的具体功能如下。

1. 图像生成：Stable Diffusion能够根据用户提供的文本描述生成逼真或富有创意的图像。通过逐步揭示图像中的细节和纹理，它可以生成高质量的图像，包括自然景观、人脸、艺术作品等。这一功能在艺术创作、电影特效、游戏开发等领域具有广泛的应用潜力。

2. 图像修复和增强：通过逆向扩散过程，Stable Diffusion可以从损坏或模糊的图像中恢复出清晰的图像。这在图像恢复、医学图像处理、摄影后期处理等领域具有重要的应用价值。

3. 图像去噪：Stable Diffusion能够去除图像中的噪声，提高图像的质量和清晰度。这在图像处理、计算机视觉任务中的前处理步骤中非常有用。

4. 图像插值和超分辨率：通过逆向扩散过程，Stable Diffusion可以从低分辨率图像中生成高分辨率图像，提高图像的细节和清晰度。这一功能在图像重建、视频处理、监控图像增强等领域具有广泛的应用潜力。

此外，Stable Diffusion还支持多种其他功能，如内补绘制（inpainting）、外补绘制（outpainting）以及图生图功能等。这些功能使得Stable Diffusion在数字艺术创作、游戏设计、广告创意、教育应用以及定制商品等领域都展现出了巨大的应用潜力。

（三）CALA平台

CALA平台是一个专为时尚行业设计的人工智能工具（图3-5），其开发背景源于时尚行业对创新技术和高效设计工具的需求。CALA将自己定位为

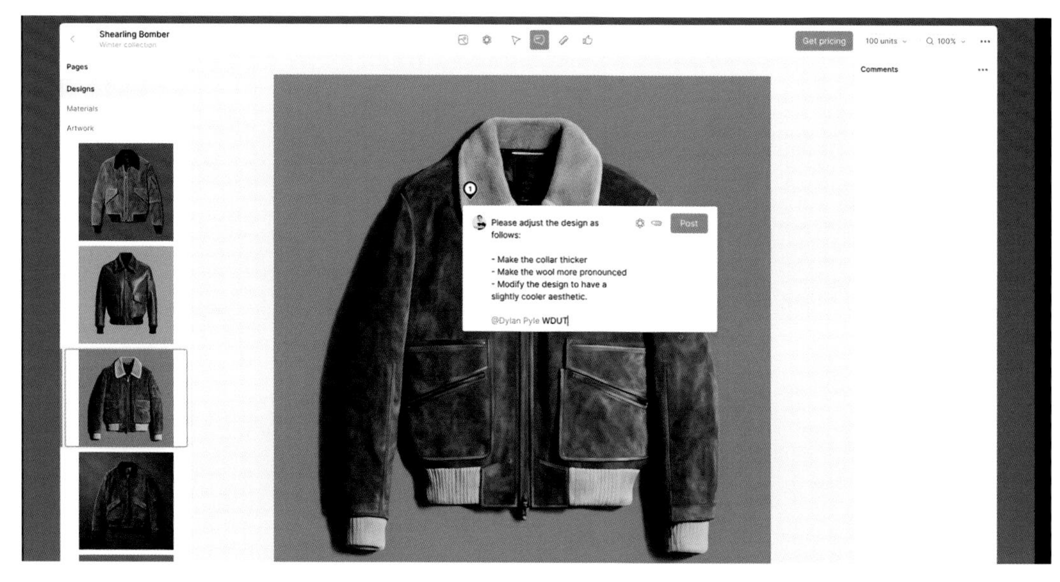

图3-5 CALA的操作界面

领先的时尚供应链接口，将设计、开发、生产和物流整合到一个统一的数字平台中。它是第一个也是唯一一个利用下一代人工智能来促进创作过程的服装设计和生产工具。CALA的人工智能工具可根据自然文本描述或上传的参考图像生成新的设计理念，从而培养设计的创造力和原创性。它提供了一系列具体功能，旨在帮助设计师和零售商简化设计流程、提高设计效率，并更好地满足市场需求。随着人工智能技术的不断发展，越来越多的行业开始探索其应用潜力。时尚行业作为一个创意密集型行业，对设计效率和个性化定制有着极高的要求。因此，CALA平台应运而生，旨在利用人工智能技术为时尚设计师和零售商提供便捷、高效的设计解决方案。

CALA平台具有多种强大的功能，以下是对其主要功能的介绍。

1. 情绪板和灵感生成：CALA平台能够根据设计师的输入（如关键词、图片或草图）生成情绪板，提供与主题相关的颜色、图案和材质建议。这有助于设计师快速捕捉灵感，形成初步的设计概念。

2. AI辅助设计：平台利用先进的算法和人工智能技术，为设计师提供自动的设计建议。这些建议可以包括款式、剪裁、面料和配饰等方面的调整，以确保设计符合当前的时尚趋势和消费者偏好。

3. 实时协作与反馈：CALA平台支持实时协作功能，设计师可以邀请团队成员、制造商或客户参与设计过程，共同讨论和修改设计。此外，平台还提供实时反馈功能，帮助设计师及时了解市场反馈和消费者需求，以便进行调整。

4. 电子商务支持：除了设计功能外，CALA平台还提供电子商务支持服务，包括产品上架、库存管理、订单处理和物流跟踪等功能，帮助设计师和零售商更好地管理在线销售业务。

5. 产品模板与定制：CALA平台提供了多种产品模板供设计师选择，包括服装、手袋等。设计师可以根据需要选择适合的模板，并通过输入描述性词汇和细节关键词来生成定制化的设计。这大大降低了设计的门槛，使得即使是没有专业设计背景的人也能轻松创作出独特的设计作品。

（四）Designovel

Designovel是一款人工智能驱动的时装设计工具，由韩国一家AI技术研究开发的创业公司推出，其开发团队拥有丰富的技术背景和行业经验，能够深入理解设计师的需求，并将这些需求转化为实际的功能和服务。该平台致力于利用先进的人工智能技术来辅助时装设计，专注于趋势预测和设计推荐，对于旨在保持行业领先地位的时装设计师和品牌至关重要。它提供一系列解决方案，包括趋势分析、预测以及产品和服务规划的市场感知，所有这些解决方案均由其先进的时尚人工智能世界提供支持。

该工具利用生成式人工智能，采用度量学习和多模态嵌入等技术来创建符合用户需求的内容。此外，Designovel的分析和报告服务提供了SaaS解决方案，可提供有价值的见解，帮助用户快速有效地做出明智的决策（图3-6）。Designovel也在积极拓

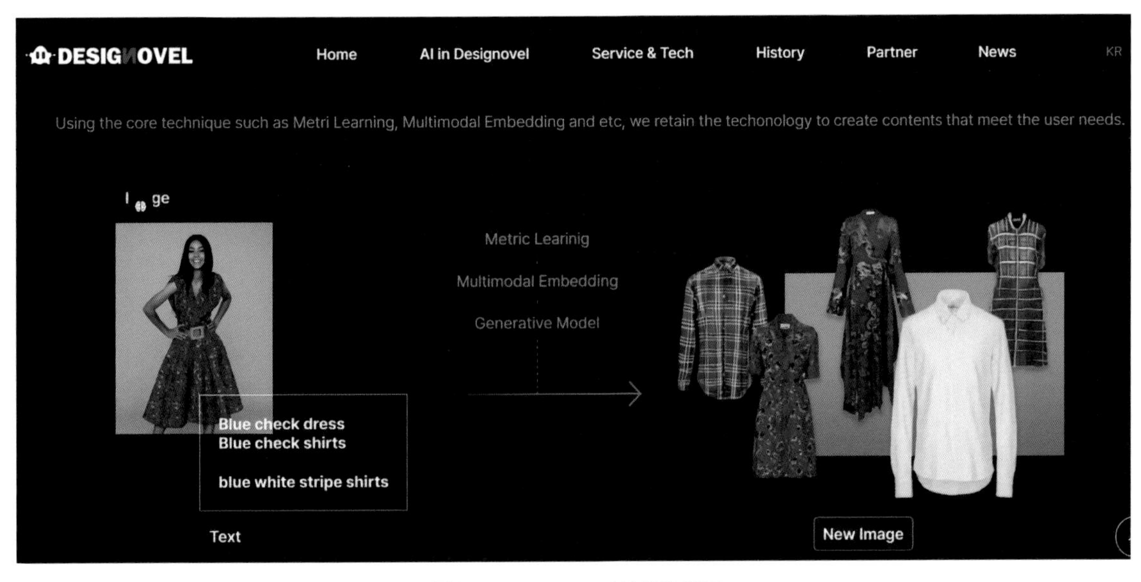

图3-6 Designovel的操作界面

展应用场景，与更多的设计师和时尚品牌建立合作关系，共同推动时尚行业的数字化转型。

Designovel特色的功能：

1. 自动设计建议：Designovel能够根据设计师的输入和需求，自动生成多种设计建议。这些建议包括款式、面料、颜色等方面的搭配和组合，为设计师提供灵感和参考。

2. 面料建议：平台能够根据设计需求，推荐适合的面料材质和纹理。这有助于设计师在选择面料时更加精准和高效。

3. 实时反馈：Designovel允许设计师在平台上实时查看和修改设计，并即时获得反馈。这有助于设计师及时发现问题并进行调整，提高设计效率和质量。

4. 趋势识别与市场分析：平台能够分析来自各种来源的数据，包括社交媒体趋势、时装秀和街头风格等，为设计师提供关于潮流和消费者需求的最新见解。这有助于设计师更好地把握市场趋势，创作出符合市场需求的设计作品。

5. 个性化定制：Designovel允许用户上传自己的草图和灵感图像，以生成符合他们愿景的定制设计。这为用户提供了更多的创作自由和个性化选择。

6. 产品/服务规划：除了设计功能外，Designovel还提供产品/服务规划功能。这有助于设计师和时尚品牌更好地规划和管理产品开发和生产流程，提高整体运营效率。

（五）Ablo

Ablo是一款功能强大、易于使用的AI工具，它利用先进的自动翻译和字幕技术，为用户提供了与世界各地朋友进行无障碍交流的平台。Ablo在人工智能时尚设计工具领域脱颖而出，旨在通过帮助企业创建和扩展自己的品牌来彻底改变行业。它提供了独特的功能组合，超越了传统时装设计软件的局限性，促进了各种创作者和时装设计师之间的无缝衔接品牌创建和共同创造。该人工智能平台对于寻求规模化运营的企业特别有价值，可提供先进的设计功能，突破传统时装设计的界限（图3-7）。Ablo的使命是实现设计民主化，让更广泛的受众能够接触到时装设计，并重新定义行业格局。该团队专注于社交网络服务的创新，致力于为用户提供更便捷、更有趣的交流方式。Ablo于2019年1月正式推出，同时支持Android、iOS和Web平台。自推出以来，Ablo迅速在全球范围内获得关注，特别是在18～26岁人群中广受欢迎。

Ablo的特色功能：

1. 时尚企业的可扩展性：提供人工智能驱动的解决方案来扩展时尚品牌和制造流程。

2. 无缝共同创造：促进创作者之间的协作，以实现高效的品牌发展。

3. 先进的设计能力：利用人工智能克服传统设计限制。

4. 时装设计的民主化：旨在让更广泛的创作者能够接触到时装设计。

（六）The New Black

The New Black是一款AI服装时尚设计生成器（图3-8），由专业的开发团队倾力打造。该平

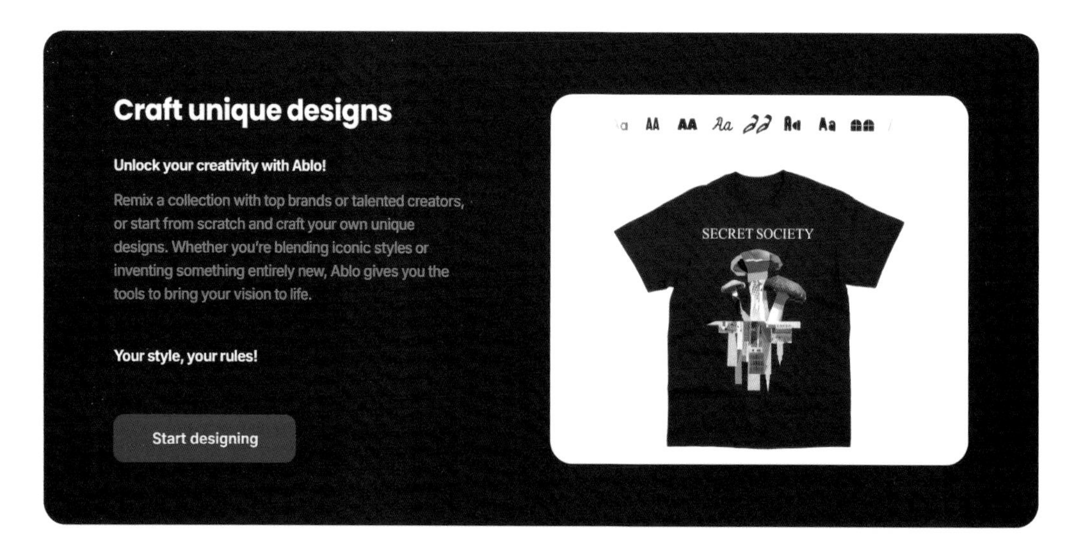

图3-7 Ablo的操作界面

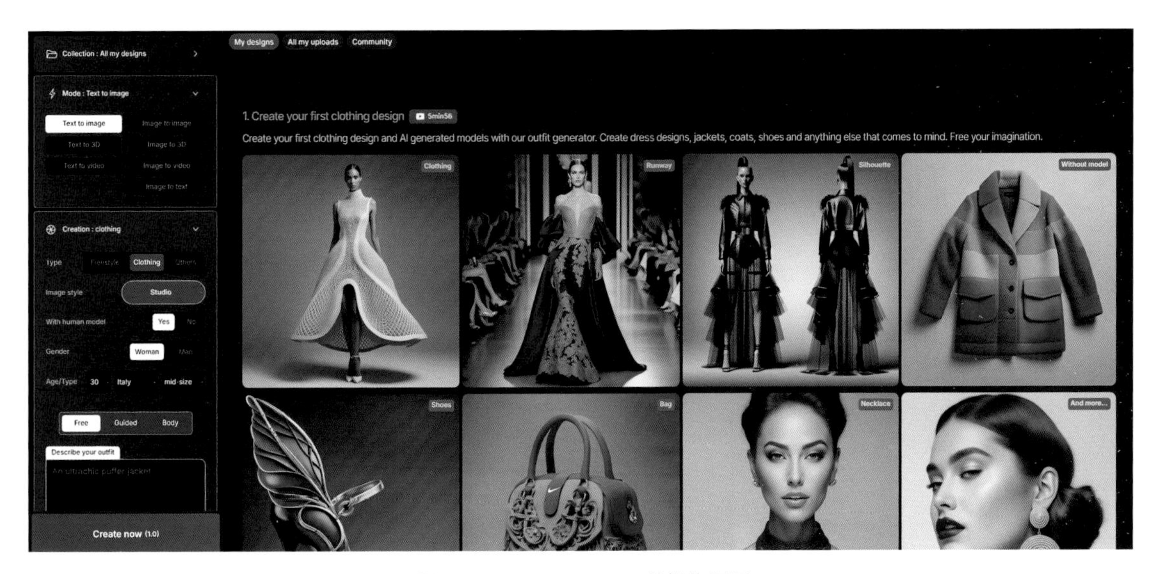

图3-8 The New Black的操作界面

台致力于帮助设计师和品牌创造独特且原创的服装设计，通过先进的AI技术，释放用户的创意潜能，生成由AI模型支持的时尚搭配。在充满活力、快节奏的时尚世界中，The New Black成为时尚设计与人工智能融合的突破性平台。借助The New Black，只需对概念进行简单描述，人工智能即可将其可视化并创建它，从而提供前所未有的定制水平和速度，超越传统的设计方法。该平台的显著特点在于能够始终如一地生成完全独特的设计，确保设计师的原创性和创造力始终处于最前沿。The New Black迎合了广泛的设计类别，从尖端鞋履和奢华手袋到精致的3D打印婚纱。

The New Black的特色功能：

1. 生成独特设计：The New Black的核心功能是提供AI服装设计生成。用户只需简单描述自己的设计想法，系统即可根据描述生成相应的AI模型，供用户查看并选择满意的设计。这些设计都是独特且原创的，能够确保设计师的创意和原创性得到最大程度的发挥。

2. 支持多种时尚设计：该平台不仅支持服装设计，还涵盖了包袋、鞋子等多种时尚设计领域。用户可以根据自己的需求，创建各种时尚单品的设计，满足多元化的设计需求。

3. 快速修改和迭代：The New Black提供了快速修改和迭代的功能，使用户能够轻松适应和发展设计。用户可以根据需要更改服装搭配、物理细节或设计细节，以实现最佳的设计效果。

4. 提供时尚秀概念和情绪板：除了具体的设计功能外，The New Black还提供AI生成的时尚秀概念和情绪板。这些功能可以帮助用户更好地理解和把握时尚趋势，为设计提供更多的灵感和创意。

5. 照片上传和增强：用户还能够上传现有的设计照片，利用AI技术进行增强的调整和改造，进一步提升设计的质量和效果。

6. 高清转换：The New Black具备将低分辨率图像快速转换为高清版本的功能，便于用户进行更高质量的设计展示和分享。

7. 组织工具：平台提供分类功能，帮助用户将设计组织到集合中，实现更好的可视化和规划。

8. 社区参与：The New Black还培育了一个充满活力的人工智能创作者社区，可展示各种由AI生成的时装设计，为设计师和用户提供了一个交流和学习的平台。

二、国内服装设计类AI工具及平台

（一）蝶讯D.SD

蝶讯D.SD是一款专为服装行业设计的先进AI工具，集服装设计、模特换装、风格融合、线稿生成及面料替换等多种功能于一体（图3-9）。蝶讯D.SD由深圳市蝶讯网科技股份有限公司开发，该公司始创于1995年，专注于设计师的成长与发展，致力于时尚产业生态圈建设。2005年蝶讯网上线，经过多年的发展，蝶讯网已成为全面专业的时尚产业互联网综合服务提供商，也是时尚产业生态平台。

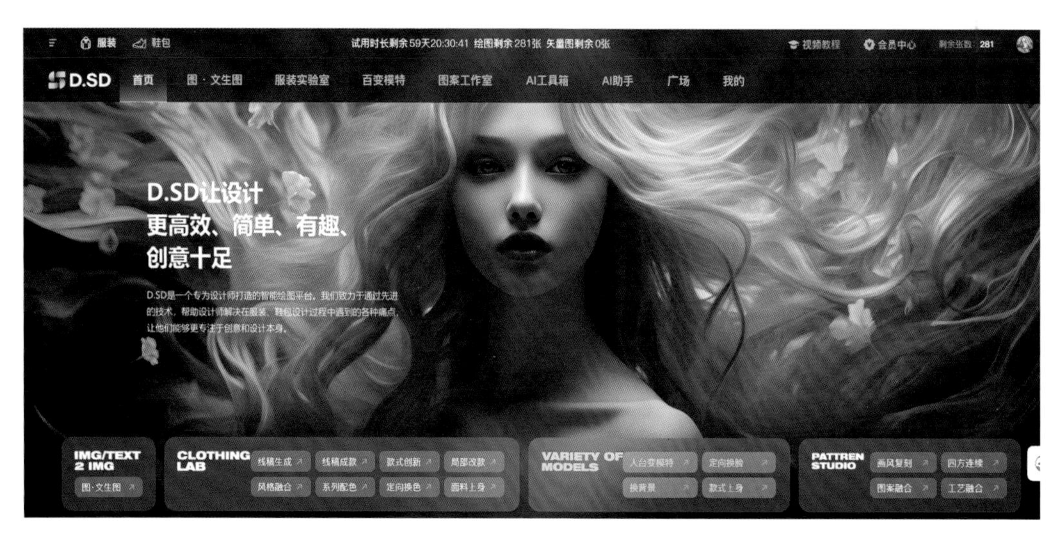

图3-9 蝶讯D.SD的操作界面

随着数字技术的深入应用，蝶讯网紧跟产业发展及新技术的变革，推出了蝶讯D.SD平台。该平台以蝶讯服装高端趋势网为基础进行全面升级改版，引进大数据、AI等新技术，旨在提升服装设计的效率与创意。

蝶讯D.SD的具体功能：

1. 图/文生图：该功能允许设计师以创意描述为出发点，轻松创造令人印象深刻的作品。无论是通过文字还是图片，都能生成相应的服装款式图和效果图，实现无中生有的创意。

2. 线稿生成与成款：蝶讯D.SD提供两种生成线稿的方式，即文生线稿和图生线稿。前者通过输入文字生成线稿，后者则将图片线条转化为线稿。此外，平台还支持一键将线稿转化为成衣图片，大大节省了开发费用。

3. 局部改款与风格融合：平台具备强大的部件功能，允许设计师对服装进行局部修改，如添加领子、口袋、辅料等。通过自由搭配这些部件，设计师可以打造独特的时尚设计，将不同元素巧妙融合，展现出个性十足的作品。

4. 系列配色与定向换色：蝶讯D.SD提供丰富的配色方案，支持设计师根据需要进行系列配色。同时，平台还支持定向换色功能，帮助设计师轻松实现色彩的替换与调整。

5. “百变模特”功能：该功能革命性地改变了电商和服装设计行业。设计师只需上传人台图，即可秒变模特穿着效果，让设计作品栩栩如生，真实感十足。这不仅节省了模特费用，还解除了拍摄地点的限制，为服装展示带来了无限可能性。

6. 图案工作室：图案设计是服装的灵魂，蝶讯D.SD的图案工作室致力于赋能设计师，提供强大的图案工具。设计师可以在此创作出更精美、时尚且独具匠心的图案，增强个性化定制的魅力，提升品牌在市场的竞争力。

7. AI助手：蝶讯D.SD的AI助手能够理解人类自然语言，并给出精确的回答。它能帮助设计师解决设计过程中的难题，提供创意灵感，是设计师的得力助手。

（二）POP · AI智绘

POP · AI智绘是一款专为服装行业设计的先进AI工具。POP · AI智绘由POP时尚趋势网开发。POP时尚趋势网创立于2004年，是中文全球时尚设计资讯平台，涵盖服装、箱包、鞋子、首饰、家纺等多个子库。该平台致力于提供海量时尚设计资讯和资源，助力设计师和相关行业人士提升设计效率和创意实现。POP · AI智绘作为该平台新增的功能模块，旨在通过人工智能技术为服装设计领域带来更加智能化和高效化的解决方案（图3-10）。

POP · AI智绘还整合了多种先进的人工智能生成内容（AIGC）技术，为用户提供了一个全面的AIGC服务平台。这一平台不仅涵盖了服装设计领域的相关功能，还提供了趋势预测、数据分析、商业决策等多元化服务，助力设计师和企业实现更加智能化和高效化的设计和管理。

POP · AI智绘具备多种实用功能：

1. 智能设计生成：设计师可以通过简单的关键

图3-10 POP · AI智绘的操作界面

词输入，迅速获得多种不同的鞋子、服装等设计效果图。这一功能极大地缩短了设计验证和迭代的时间，帮助设计师快速捕捉和验证设计灵感。

2. 线稿快速生成：利用POP · AI智绘，设计师能够通过文字描述快速得到相应的线稿设计。这一功能不仅节省了手绘线稿的时间和精力，还提高了线稿的准确性和规范性。

3. 设计迭代与优化：POP · AI智绘支持设计师快速进行设计改款，探索不同面料和材质的搭配效果。同时，它还能帮助设计师实现面料和配色的快速更换，大幅提高设计的灵活性和效率。

4. 虚拟模特展示：通过POP · AI智绘技术，设计师可以将普通模特的穿搭效果转换为专业模特展示效果。这一功能不仅降低了对真人模特、摄影和场地的需求，还有效提升了展示效率和效果。

5. 批量图案创作：POP · AI智绘支持批量生成花型图案，为设计师提供更广阔的创作空间。设计师可以根据自己的创意和客户需求，定制专属的图案设计，满足市场的多样化需求。

（三）Style3D iCreate

Style3D iCreate是一款专注赋能时尚纺织服装行业设计创作与商品营销的轻量化AI工具，该产品由浙江凌迪数字科技有限公司研发（图3-11）。浙江凌迪数字科技有限公司（凌迪Style3D）是一家以“AI+3D”技术为核心驱动力的科技企业，专注于为时尚纺织服装行业提供数字资产创作、展示、协同的工具和解决方案，公司以“打造数字引擎 · 驱动时尚未来”为愿景，推动全球时尚行业的数字化转型

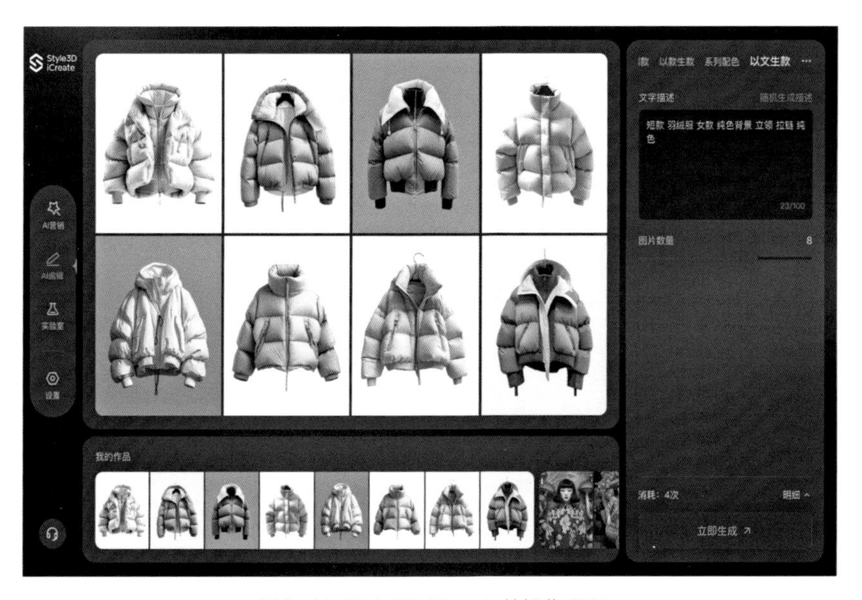

图3-11 Style3D iCreate的操作界面

和创新发展。

凌迪Style3D公司成立于2015年，2017年完成自主柔性仿真引擎的自主研发；2019年发布国内首个服装3D建模设计软件Style3D Studio产品；2020年作为服装数字化产业技术领军品牌之一，为疫情影响下的服装企业们提供全套3D远程协同解决方案；2022年发布Style3D面料数字化系列硬件，实现软硬件一站式数字化闭环；2023年发布Style3D AI产业模型，以"AIGC+3D"技术真正推动生产力的发展；2024年入选国家专精特新"小巨人"企业。此外，凌迪Style3D公司还参与了全国首批数字时尚领域国家标准的制定。

凌迪Style3D公司设立有"凌迪图形学奖学金"，聚焦图形学技术人才培养。2021年成立的凌迪研究院拥有国际一流的图形学研究团队，致力于人工智能和计算机图形学领域的理论研究与技术研发，已经先后有7篇论文入选人工智能领域的顶级国际学术会议NeurlPS和计算机图形与交互技术的顶级会议SIGGRAPH。

Style3D iCreate的具体功能：

1. 线稿成款：上传服装、箱包等时尚产品的设计稿，快速生成带面料的具体产品图，让协同部门更加理解设计师的设计意图，降低沟通成本。

2. 款生线稿：上传产品图反向生成svg格式的可编辑设计稿，用于工艺单制作及款式结构的审查，也可以用于对服装、箱包的精确修改，以弥补AI的不可控性及发散性。

3. AI图案：录入描述文字、图案参考图，或两者结合，快速创造出新的图案，图案可以指定生成为连续图案或非连续图案，极大地提升了图案的创造力。

4. 融合创款：上传两个款式图，将其廓形、面料、颜色等设计元素融合碰撞，生成新的款式，为设计师提供更多设计灵感。

5. 以款生款：上传一张款式图，快速生成多款具有相似风格、元素的新款式，这将有助于快速进行爆款、经典款的开发和销售延伸。

6. 系列配色：上传一张款式图，快速生成多个不同颜色的相同款式，快速完成款式配色选色。

7. 以文生款：录入描述款式或文字，快速生成基于文字描述的款式图，将设计师的灵感快速转化成具体的图像，提高设计效率。

8. 局部替换：将想要修改的区域圈起来后，可以针对这些区域进行修改，其他区域保持不变，快速实现对款式的局部改动。

9. 颜色替换：上传一个款式图后，在系统里选择一个颜色，可以为款式进行换色。

10. 面料试衣：上传一张面料图和一张参考款式图后，就可以将面料制成款式图的样式，不需要进行实物打样，即可看到面料制成各种服装的效果，这将有助于帮助设计师进行选料，同时也可以帮助面料商更好地进行面料的推广。

11. AI换脸：上传一张模特图，再上传一个想要更换的人脸图，可以将原来模特图中的脸更换成新的人脸，结合AI换景的能力，可以快速生成更多不同群体不同场景下的商品营销素材图。

12. AI换景：上传一张模特图和一张背景参考图，可以将原图中的背景更换成新的背景。

13. AI试衣：上传一张或多张服装静物图，再选择一个模特，可以快速将服装穿在所选的模特身上，以帮助设计师进行服装搭配效果的快速检查。

14. AI上新：家纺四件套、窗帘，上传透明背景的产品图和参考背景图后，可以快速将产品图和背景进行融合，生成可以用于电商上新的商品图，极大地降低商品营销素材的拍摄成本。

15. 企业模型定制：为了更好地服务企业业务的发展，也可以根据企业的特定需求和业务场景，为企业量身定制开发人工智能模型。该模型可以基于已有的深度学习算法与模型进行改进和优化，以解决客户在特定领域和业务中遇到的问题。

（四）自绘AI-FASHION

自绘AI-FASHION是一款功能强大、操作简便的服装设计类AI工具及平台（图3-12）。它通过人工智能技术为设计师提供了高效、便捷的设计解决方案，推动了服装设计行业的数字化转型和创新发展。自绘AI-FASHION的核心亮点在于其强大的自动绘图与设计优化功能。用户只需简单勾勒出设计轮廓或输入设计概念，自绘AI-FASHION便能智能识别并生成精细的设计草图，极大地节省了设计师的手绘时间。此外，该工具还内置了丰富的面料库、色彩搭配建议以及潮流趋势分析，帮助设计师轻松实现创意的落地与升华。更为先进的是，自绘AI-FASHION还支持3D建模预览，设计师可以实时查

图3-12 自绘AI-FASHION的操作界面

看设计作品在不同体型、动作下的穿着效果，从而做出更加精准的调整与优化。

自绘AI-FASHION是深圳自绘科技公司的人工智能研究的实验项目，旨在利用AI最新科技提升时尚行业设计领域的创造力（图3-13）。自绘AI-FASHION是由穿针引线平台与美国德州大学一家工作室联合开发的一款服装设计工具，这一合作汇集了时尚设计与人工智能技术的专业力量，拥有自己千万级时尚大模型。软件主打款式AI、图案AI、模特试衣三大功能。它易于使用，而且出图速度非常快，行业大模型非常适合服装行业的精准使用，此外，自绘AI-FASHION还可以根据用户的需求进行个性化定制，满足用户的不同需求。

自绘AI-FASHION的具体功能：

1. 款式AI：自绘AI-FASHION提供了款式AI功能，能够根据设计师的需求自动生成多种服装款式。这些款式不仅具有创新性，还符合市场潮流，为设计师提供了丰富的创意灵感。

2. 图案AI：除了款式设计外，该平台还具备图案AI功能。设计师可以通过输入关键词或上传图片，生成与服装款式相匹配的图案，进一步提升服装的视觉效果和吸引力。

3. 模特试衣：自绘AI-FASHION还提供了模特试衣功能。设计师可以将设计好的服装款式应用到虚拟模特身上，实时查看服装的穿着效果和整体搭配。这一功能极大地节省了设计师的时间和成本，

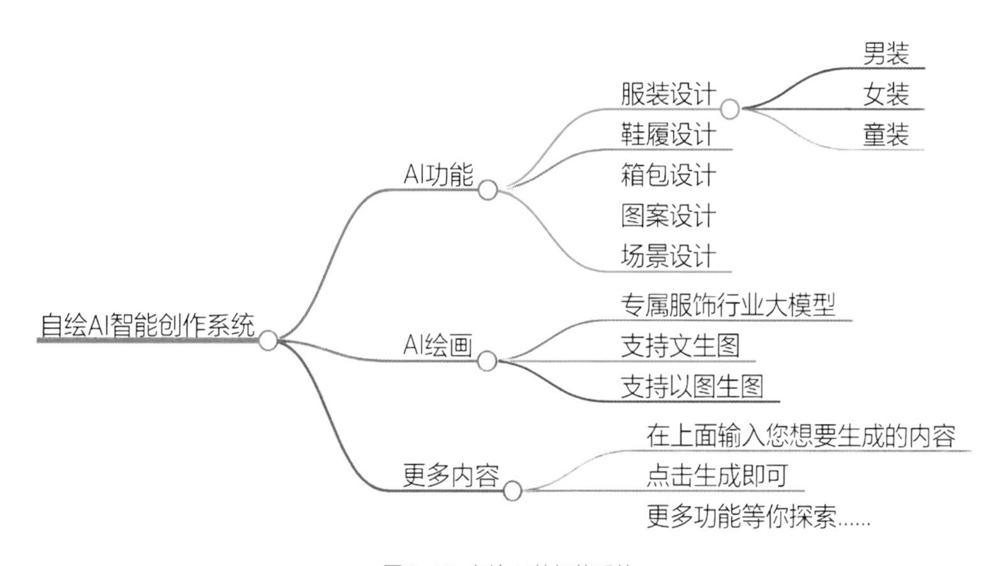

图3-13 自绘AI的智能系统

提高了设计效率。

4. 个性化定制：该平台支持个性化定制服务，满足用户多样化需求。设计师可以根据自己的创意和客户需求，定制专属的服装款式和图案，打造独一无二的时尚作品。

5. 趋势识别与市场分析：自绘AI-FASHION还具备趋势识别和市场分析功能。它能够分析市场数据，预测时尚趋势，为设计师提供有价值的市场洞察和决策支持。

（五）AiDA

AiDA（Interactive Design Assistant for Fashion）是一款由香港理工大学和英国皇家艺术学院共建的人工智能设计研究所（AiDLab）推出的服装类AI工具。作为全球首个以设计师原创灵感为主导的人工智能设计系统，AiDA旨在通过先进的AI技术，帮助设计师简化设计流程、加速设计迭代，并提供丰富的创作灵感。设计师只需把他们的灵感板、布料印花图案、调色板和草图上传到AiDA，点击几下后，AiDA即可在10秒内建立多幅原创设计，有助于设计师加快设计流程（图3-14）。

AiDA具备多种实用功能：

1. 灵感板上传与解析：设计师可以将自己的灵感板、布料印花图案、调色板和草图上传到AiDA系统。系统会对这些素材进行解析和识别，提取出关键的设计元素和色彩搭配。

2. 快速生成设计方案：基于设计师上传的素材和灵感，AiDA能够在10秒内快速生成多个原创设计方案。这些方案不仅具有创新性，还符合设计师的个人风格和原创灵感。

3. 智能配色与图案组合：AiDA系统内置了智能配色算法和图案组合算法，能够根据设计师的需求和偏好，自动生成多种配色方案和图案组合方式。这大大提高了设计的多样性和灵活性。

4. 设计流程优化：AiDA极大地优化了设计师的设计流程，帮助他们节省了60%～70%的开发时间。设计师可以更加专注于创意和灵感本身，而无需花费大量时间在繁琐的设计细节上。

5. 与知名品牌合作：AiDA的研发团队与国际知名时尚品牌ANTEPRIMA等进行合作设计最新的时装系列。这些合作不仅验证了AiDA系统的实用性和可靠性，还进一步提升了其在服装设计领域的知名度和影响力。

6. 时尚搜索引擎Mixi：AiDA还配备了领先行业的时尚搜索引擎Mixi，该搜索引擎具备自动标签功能，可精准辨识超过2300种Pantone色彩和230多种时尚属性。设计师可以通过Mixi快速搜索到所需

图3-14 AiDA的网页操作界面

图3-15“神采AI”的网页操作界面

的时尚素材和灵感来源。

7. 教育与培训：AiDA系统被香港理工大学时装及纺织学院列为必修课，为未来的服装设计师提供了学习和掌握人工智能设计技术的机会。

（六）神采（Prome）AI

“神采AI”（PromeAI）是一款功能强大的服装设计类AI工具及平台，它凭借先进的技术和丰富的功能，为设计师们提供了一个高效的创作环境，帮助他们更好地应对各种设计挑战。自2023年起，“李白人工智能实验室”开始研发“神采AI”，并在经过7个月的创意打磨与落地孵化后，全面开通了十大功能，供全球用户使用（图3-15）。该平台不仅服务于C端用户，还与Populous顾家家居等国内外企业达成了合作计划。

“神采AI”的功能：

1. 广泛可控的AIGC（C-AIGC）模型风格库：能够帮助用户轻松创建令人惊叹的AI艺术、图像、图形等。

2. 草图渲染：用户可以通过上传手绘设计草图，生成逼真的照片级渲染效果。这对于服装设计师来说，意味着他们可以将简单的草图快速转化为高质量的设计稿。

3. 照片转线稿：上传照片后，可以将其转化为线稿效果，便于设计师进行进一步的编辑和修改。

4. 涂抹替换：在设计过程中，如果需要对局部进行修改，可以使用涂抹替换工具快速完成。

5. 变化重绘：能够生成风格、布局、视角、感官都相似的图片，为设计师提供更多的设计灵感和选择。

6. AI超模：允许用户通过上传石膏模特图或素人实拍图，选择模特、模特设定和背景，快速生成真人效果图。这对于服装设计师来说，可以大大节省找模特、拍摄和后期处理的时间。

7. 背景生成：能够自动识别图片景深信息以生成具有相同景深结构的图片，或者根据用户需求生成新的背景。

8. 尺寸外扩：根据比例或尺寸进行图片内容外扩，满足设计师对图片尺寸的不同需求。

9. 文字效果：可以将黑白文字排版渲染为各种效果，为设计作品增添更多的文字元素和设计感。

10. 聊天机器人：提供与用户进行交互的聊天机器人功能，可以解答用户在使用过程中遇到的问题，提供设计建议等。

（七）LOOK AI

LOOK AI是由深圳市基本操作科技有限公司研发的一款AI时尚设计软件。深圳市基本操作科技有限公司是一家专注于AI技术研发的领先企业，致力于将科技与时尚相结合，为时尚设计领域带来创新与变革。他们的理念是通过技术创新，为用户提供更便捷、更智能的时尚体验，引领时尚产业的未来发展。

LOOK AI的核心功能在于其能够根据设计师输

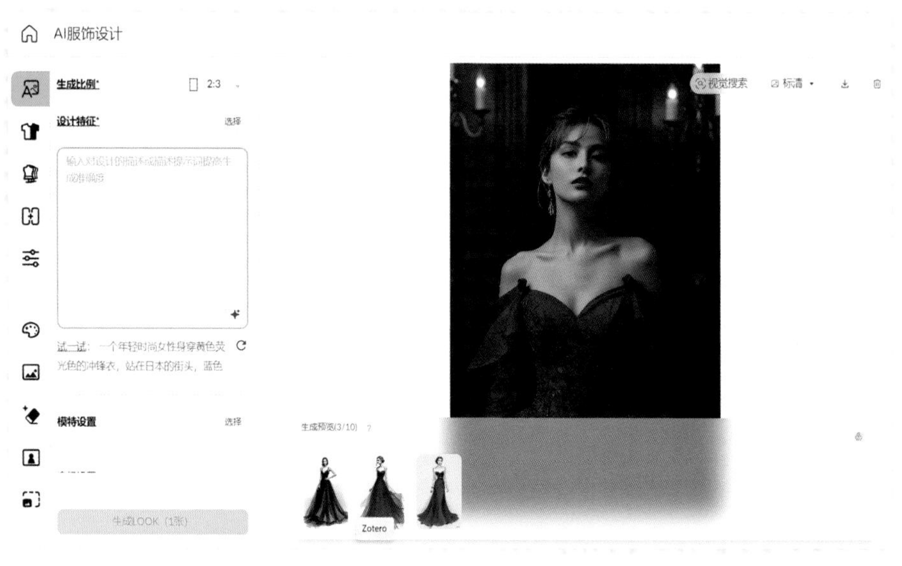

图3-16 LOOK AI的网页操作界面

入的简单线稿，迅速生成逼真的实物效果图。这一功能大大缩短了设计周期，使设计师能够更专注于创意和灵感的发挥（图3-16）。

LOOK AI的具体功能：

1. 高效率设计体验：LOOK AI通过AI技术，实现了从线稿到实物效果图的快速转换。设计师只需输入简单的线稿，LOOK AI即可迅速生成逼真的实物效果图，从而大大缩短设计周期，释放设计师的创作潜能。

2. 个性化模特定制：该平台允许设计师定制个性化的模特，使每一个设计都能呈现出独一无二的风格和特点。这有助于设计师更好地展示设计作品，并满足客户的个性化需求。

3. 实时设计调整：LOOK AI支持实时设计功能，设计师可以随时对设计进行调整和修改，与软件实现紧密的互动。这种协作模式不仅加速了设计流程，还激发了设计师更多的灵感和创意。

4. 面料与工艺搭配：LOOK AI已经预先训练了市场主流的面料和模特体型等数据，设计师可以通过选择不同的搭配，快速展示出服装的上身效果，从而解决在选择面料和工艺搭配时的效率问题。

5. 广泛的用户适用性：除了专业设计师外，LOOK AI还为普通用户提供了一个全新的设计体验。无需专业技能，任何人都可以通过LOOK AI轻松设计出令人惊艳的作品，实现时尚的大众化。

（八）美图设计室

美图设计室作为一款创新的服装设计类AI工具及平台，凭借其强大的功能、便捷的操作方式以及广泛的应用场景，在时尚设计领域发挥着越来越重要的作用。

2022年，美图公司正式推出了美图设计室，这一平台主要聚焦于“AI商品设计”与“AI平面设计”两大板块，旨在为用户提供便捷、高效的设计服务。

2023年，美图设计室迎来了重大更新，推出了2.0版本。新版本不仅优化了原有功能，还增加了更多创新的设计工具，如“AI商品图”“AI海报”等，进一步提升了用户的设计体验。

2024年6月，美图设计室在第三届美图影像节上推出了全新版本V3，新增了AI批量设计、AI商品视频制作、团队协作三大能力，进一步提升了电商物料设计的产能（图3-17）。

美图设计室的具体功能：

1. AI抠图：智能识别人像、物品，实现发丝级精细化处理。支持近20种品类，如服装、美食、人像、宠物、化妆品等，精准覆盖商品抠图需求。

2. AI商品图：用户只需上传产品图，AI即可自动抠图并调整至合适大小，同时提供多场景选择，快速生成海量带场景的商品图。这一功能大大降低了商品拍摄成本和电商平台运营成本。

3. AI模特试衣：上传人台图、真人图或服装图，AI可以生成模特并与衣服融合，快速完成服装上身效果展示。这一功能在服装零售行业具有广泛的应用前景，可以大大缩短新品上市周期。

4. AI海报：采用AI模型进行智能编排，用户只

图3-17 美图设计室的网页操作界面

需输入文案、上传产品图，即可快速生成多种风格的海报设计。这一功能不仅适用于电商从业者、微信营销用户和办公人员，还可以为广告宣传、个人活动等领域提供高效的设计方案。

5. 丰富的预设模板和素材库：提供大量预设模板和素材，方便用户快速进行设计创作。这些模板和素材涵盖了多种设计风格和场景，可以满足用户的不同需求。

6. 便捷的操作方式：界面设计简洁明了，功能分区合理，符合用户的使用习惯。工具栏设计符合人体工程学，操作简便，使得用户能够轻松上手并快速完成设计任务。

（九）潮际主设

潮际主设是由杭州潮际主设智能科技有限公司开发的一款专注于时尚设计领域的AI创意设计平台。该平台致力于将人工智能技术与时尚设计相结合，为设计师们提供全新的创作方式和技术支持，以解决品牌企划协作效率难题，提升系列创意获取效率，并解决创意生产力低下等问题。

潮际主设在推出后，不断根据用户需求进行功能升级与拓展。目前，该平台已经能够支持女装、男装、童装、鞋靴、箱包等多个类目的设计需求（图3-18），并提供了VIP专业版和企业版两个版本，以满足不同设计师和企业的需求。

潮际主设的具体功能：

图3-18 潮际主设的网页操作界面

1. 一键生成设计灵感：潮际主设的核心功能之一是一键生成设计灵感。无论是在寻找款式细节、颜色搭配、面料选择还是图案设计上，潮际主设都能够迅速提供大量的创意方案，为设计师们带来无限的灵感。

2. 个性化定制：潮际主设不仅提供了款式细节、颜色、面料、图案等改款功能，还支持一对一企业定制化解决方案。这使得设计师和企业能够根据客户的具体需求进行个性化设计，并有效地满足客户的要求。

3. 放大镜功能：潮际主设还配备了放大镜功能，设计师们可以更准确地评估和调整款式的细节部分，确保设计的精确度和完美性，提升设计质量和细腻度。

4. 款式配色：设计师们可以通过潮际主设自由尝试不同的配色方案，以找到最适合的设计效果。

5. 极简的操作界面：潮际主设的研发团队极大程度地去除了界面复杂操作，把用户需要理解的简化成用户已经习惯的。工作台模式更加极简，便于操作，只需上传并选择品类、材质、风格，即可满足成衣制衣需求。

6. 高效的设计效率：使用潮际主设后，设计团队的效率得到了极大的提升。以往需要花费数小时甚至数天才能完成的设计工作，现在只需简单地点击几下，就能够获得大量的设计灵感。这不仅节省了时间，还让设计师们能够更加专注于创造独特的设计。

（十）沙砾AI

沙砾AI，全称是GRITAI沙砾智能，是由杭州奕萨立服装有限公司开发的一款先进的AI人工智能服装设计系统。该系统的开发旨在满足当代服装企业和年轻消费群体对更高标准的需求，通过AI人工智能驱动传统服装行业实现大数据时代下的转型升级。

杭州奕萨立服装有限公司成立于2023年4月，由一群来自海内外高校的大学生科技团队创立。团队一直致力于AI人工智能赋能服装领域的时尚研究，并发现传统服装设计过程中存在大量的重复劳动和试错成本。基于这一洞察，团队决定开发一款能够自动完成从设计到成衣生产流程的AI服装设计系统（图3-19）。

沙砾AI作为一款先进的AI服装设计系统，具备以下核心功能：

1. 流行趋势预测：系统能够基于大数据和AI算法分析当前的时尚趋势，为设计师提供前沿的设计灵感和方向。

2. AI设计：系统支持一键生成多种设计风格的服装款式，包括女装、男装、童装等，大大节省了设计师的时间和精力。

3. 款式延伸：在已有的设计基础上，系统能够自动生成多种类似的款式，为设计师提供更多的选择和灵感。

4. 面辅料上身效果模拟：系统能够模拟不同面料和辅料在服装上的效果，帮助设计师更好地选择材料。

5. 版型匹配：系统能够根据设计稿自动匹配适合的版型，确保服装的合身性和舒适度。

图3-19 沙砾AI的操作界面

（十一）LiblibAI

LiblibAI（哩布哩布AI）是一个专注于AI图像创作的绘画平台和模型分享社区，由张子捷等人于2023年5月创立。该平台致力于推动AI图像生成技术的发展，旨在彻底改变设计师、画师、自媒体创作者等的创作方式，成为内容创意行业的AI新质生产力。LiblibAI的团队由来自国内外顶级高校和科技公司的专业人士组成，包括清华大学、北京大学、卡内基梅隆大学等名校毕业的核心成员，他们具有在腾讯、阿里、字节跳动、微软等公司的从业经验，拥有丰富的AI、互联网和设计产业背景。

LiblibAI自2023年5月创立以来，便以其独特的AI图像生成技术和丰富的模型素材库吸引了众多专业AI图像创作者。平台通过提供在线Stable Diffusion图片生成功能和多种AI创作方式，如文生图、图生图、图像后期处理等，为用户提供了丰富的创作灵感和资源（图3-20）。

LiblibAI在发展过程中，始终注重合规经营。2024年2月，LiblibAI通过了国家互联网信息办公室第四批深度合成服务算法备案；一个月后，又成为了国内首家通过国家《生成式人工智能服务管理暂行办法》备案的AI社区。这些合规认证为LiblibAI的稳健发展提供了有力保障。

LiblibAI作为一个综合性的AI图像创作平台，具备以下核心功能：

1. 在线Stable Diffusion图片生成：

文生图：用户可以输入文字描述，AI根据描述生成相应的图像。

图生图：用户上传一张图片，AI在此基础上生成新的图像，保持原有图片的风格或元素。

图像后期处理：提供对生成图像的编辑和优化功能，如调整风格、尺寸、分辨率等。

2. 模型素材库：平台上汇集了10万+的AI模型和创作作品，涵盖多种风格和领域，为用户提供丰富的创作灵感和资源。

3. 专属模型训练：用户可以上传图片来训练专属的LoRA模型，提供多种预设模式，以满足个性化的创作需求。

4. 社区交流：用户可以在平台上分享自己的作品和模型，与其他创作者交流心得，共同探索AI绘画的无限可能。

5. 版权保护与作品售卖：平台不仅提供创作和分享服务，还构建了包括版权保护和作品售卖在内的完整生态链，支持创作者的权益。

（十二）即梦AI

即梦AI是由字节跳动推出的一站式生成人工智能创作平台。该平台支持通过自然语言及图片输入，生成高质量的图像及视频（图3-21）。其Slogan为“让灵感即刻成片”，旨在降低创意门槛，激发用户的想象力，推动创意产业的发展。

即梦AI的主要功能：

1. AI图片创作：用户只需输入简单的提示词，

图3-20 LiblibAI的操作界面

图3-21 即梦AI的操作界面

即梦AI就能生成独一无二的图片，同时还支持对现有图片进行创意改造，如背景替换、风格联想、画风保持、姿势保持等操作。此外，用户还可以对生成的图片进行细节调整，使创意更加完美。

2. 视频创作：用户可以通过文字描述或上传图片来生成视频片段。即梦AI的视频生成功能支持多种运镜方式、速度和视频比例的选择，让视频更具专业感。此外，用户还可以对生成的视频进行精细化编辑，如对口型、运镜控制、速度控制等。

3. 智能画布：支持本地素材上传，用户可以在画布上自由拼接素材，并进行分图层AI生成、AI扩图、局部重绘、局部消除等操作。这一功能极大地扩展了创作的边界，让创意不再受限。

4. 故事创作模式：提供一站式生成故事分镜、镜头组织管理、编辑等功能，轻松提升创作效率。用户只需输入故事梗概或关键描述，AI就能自动生成连贯、视觉冲击力强的视频内容。

5. 创意社区：用户可以在社区中共同探索无限的影像灵感，与志同道合的创作者一起激发创意的火花。社区中还有丰富的模板和素材库，供用户参考和使用。

（十三）可灵AI

可灵AI（Kling AI）是快手团队开发的一款先进的人工智能视频生成工具。它能够根据用户输入的文本、图像等提示生成高质量的动态视频内容。作为AI生成内容（AIGC）领域的突破性产品，可灵AI结合了自研的3D时空注意力机制和扩散变压器技术，使其在模拟复杂动作、生成逼真场景方面具备独特优势（图3-22）。

可灵AI的核心技术依托于先进的3D时空联合

图3-22 可灵AI的网页操作界面

注意力机制，能够对运动物体和场景进行精确建模，生成符合真实物理规律的动态画面。此外，可灵AI还使用了扩散变压器架构，能够通过对文本和视频语义的深刻理解，将用户的想象具象化为逼真的视觉画面。可灵AI的主要功能有五个方面：

1. 视频生成：可灵AI支持文生视频和图生视频，能够根据用户输入的文本或图片生成高质量的视频内容。其生成的视频最高可达1080p分辨率，最长可达2分钟，且支持多种宽高比设置，满足用户多样化的创作需求。

2. 图像生成：快速生成高质量的图片内容，支持一次性生成多张图片，并提供了丰富的编辑和自定义选项，允许个性化创作。

3. 虚拟试穿：提供虚拟试穿功能，用户可以在不实际穿戴的情况下，通过上传图片来预览服装、配饰等物品的试穿效果。

4. 创意圈与对口型：集成了创意圈和对口型等特色功能，用户可以根据需求选择相应的功能进行创作，大大丰富了创作内容和形式。

5. API接口：提供丰富的API接口，方便开发者进行二次开发和集成，将可灵AI的功能集成到自己的应用中，为用户提供更加便捷和高效的服务。

三、服装设计类AI平台特点

（一）国际服装设计类AI工具及平台特点

1. 高度专业化与精细化：国外平台如Adobe Illustrator、ZBrush等，在服装设计领域具有高度的专业化和精细化特点。这些平台提供强大的矢量绘图功能和三维建模功能，使得设计师能够轻松实现各种复杂的设计效果。

2. 创新性与前沿性：国外平台在技术创新方面通常走在前列，不断推出新的功能和算法来优化设计流程。例如，一些平台利用生成式人工智能技术创建各种模特图像，显著减少传统拍摄的需求。

3. 广泛的兼容性与应用场景：国外平台通常具有良好的兼容性，能够与其他设计软件或平台无缝对接。这些平台支持多种设计格式和输出方式，适用于不同的应用场景和需求。

4. 数据驱动与智能化分析：国外平台注重数据驱动和智能化分析，通过收集和分析用户数据来优化设计和推荐策略。

5. 高度的开放性与可扩展性：国外平台通常具有较高的开放性和可扩展性，支持用户自定义功能和插件，鼓励用户参与开发和创新，共同推动服装设计领域的技术进步和发展。

（二）国内服装设计类AI工具及平台的特点

1. 智能化与自动化：国内平台如沙砾AI等，通过AI技术实现服装设计的智能化和自动化，大大提高了设计效率。这些平台通常提供一键生成多种设计风格的服装款式功能，以及面料和版型的自动匹配。

2. 个性化定制：国内平台注重满足用户的个性化需求，提供个性化的设计建议和定制服务。用户可以根据自己的喜好和需求，上传自己的草图和灵感图像，生成符合自己愿景的定制设计。

3. 丰富的素材库与模型库：国内平台通常拥有海量的素材库和模型库，为用户提供丰富的创作灵感和资源。这些素材和模型涵盖多种风格和领域，有助于用户快速找到适合自己的设计元素。

4. 社区互动与分享：国内平台鼓励用户之间的交流和分享，构建活跃的社区氛围。用户可以在平台上分享自己的作品和心得，与其他创作者互动和学习。

5. 云端部署与便捷性：国内平台多采用云端部署方式，用户无需安装复杂的软件即可使用。这些平台通常提供直观易用的界面和工具，使得设计过程更加便捷和高效。

第二节

AI工具生成服装的方式

随着人工智能技术的飞速发展，AI工具在服装设计领域的应用日益广泛。本节将详细探讨AI工具生成服装的四种主要方式：图生文、文生图、图生图以及图文混合。本节将逐一解析这些方式的原理、应用实例及其在设计流程中的价值。

一、图生文

图生文技术是指AI工具能够从现有的图像中提取设计元素，并生成描述这些元素的文本提示词。这种技术为设计师提供了将视觉信息转化为可编辑文本的能力，极大地提升了设计效率和创意表达的灵活性。

（一）原理

图生文技术主要依赖于深度学习中的图像识别与自然语言处理技术。具体而言，AI系统首先通过卷积神经网络对输入图像进行特征提取，识别出图像中的关键设计元素，如颜色、图案、款式等。随后，这些特征被送入循环神经网络或Transformer等自然语言处理模型，生成描述这些元素的文本提示词。

（二）应用实例

以服装设计为例，设计师可以使用图生文工具将一款复杂的服装图片转化为详细的文本描述。例如，输入一张包含复古元素的上衣图片，AI工具可能输出如下文本提示词："复古风格上衣，采用深蓝色牛仔面料，胸前装饰有大型白色刺绣花朵，袖口为喇叭状设计，整体风格优雅而独特。"这样的文本提示词不仅准确捕捉了图像中的设计细节，还为设计师提供了进一步编辑和修改的基础。

（三）价值

图生文技术在服装设计流程中具有重要价值。它可以帮助设计师快速将灵感转化为可编辑的文本形式，便于后续的设计迭代和修改。同时，该技术还有助于实现设计知识的共享和传承，使得设计经验和灵感能够以文本形式保存和传播。

二、文生图

文生图技术是指通过输入描述性的文本提示词，AI工具能够生成相应的图像。这一技术为服装设计提供了前所未有的创意表达空间，使得设计师能够通过简单的文字描述即可实现复杂的设计构思。

（一）原理

文生图技术主要依赖于生成对抗网络等深度学习模型。在训练阶段，AI系统通过大量图像—文本对的学习，掌握了将文本描述转化为图像的能力。在生成阶段，当用户输入描述性文本时，AI系统会根据学习到的知识生成与文本描述相匹配的图像。

（二）应用实例

在服装设计领域，文生图技术被广泛应用于快速原型制作和个性化定制。例如，设计师可以输入如下文本提示词："一款以樱花为主题的春季连衣裙，采用轻薄透气的面料，裙摆设计为不规则波浪状，整体色调以粉色和白色为主。"AI工具即可根据这些描述生成一款符合要求的连衣裙图像。此外，文生图技术还可以结合用户的个性化需求，生成独一无二的定制服装设计。

（三）价值

文生图技术为服装设计带来了革命性的变化。它不仅极大地提高了设计效率，使得设计师能够快速实现创意构思，还为用户提供了更加个性化和多样化的选择。同时，该技术还有助于推动服装设计的创新和发展，为行业注入新的活力和灵感。

三、图生图

图生图技术是指AI工具能够根据一张图片生成另一张风格化或修改过的图片。这种技术在服装设计的迭代和修改过程中具有重要作用，能够帮助设计师快速实现设计方案的优化和升级。

（一）原理

图生图技术主要依赖于深度学习中的风格迁移和图像编辑算法。AI系统通过学习大量风格化图像的数据集，掌握了将一种风格迁移到另一种图像上的能力。同时，图像编辑算法使得AI系统能够对输入图像进行局部或整体的修改和调整。

（二）应用实例

在服装设计领域，图生图技术被广泛应用于设计方案的迭代和修改。例如，设计师可能希望将一款夏季连衣裙的设计从清新风格转变为复古风格。此时，他们可以使用图生图工具将原始设计图像输入系统，并指定目标风格为复古。AI工具即可根据这些要求生成一款符合复古风格的连衣裙图像。此外，图生图技术还可以用于对设计细节进行微调，如修改服装的颜色、图案或款式等。

（三）价值

图生图技术为服装设计的迭代和修改提供了便捷的工具。它能够帮助设计师快速实现设计方案的优化和升级，提高设计效率和质量。同时，该技术还有助于激发设计师的创意灵感，为服装设计带来更多可能性。

四、图文混合

图文混合技术是指将图生文和文生图技术相结合，实现文本与图像之间的相互转化和融合。这种技术为服装设计提供了更加灵活和多样化的表达方式，使得设计师能够充分利用文本和图像的优势进行创意表达。

（一）原理

图文混合技术是基于深度学习中的多模态学习算法。AI系统通过学习大量文本-图像对的数据集，掌握了文本与图像之间的内在联系和转化规律。在实际应用中，AI系统可以根据用户的输入（无论是文本还是图像）生成与之相匹配的另一种形式（图像或文本）。

（二）应用实例

在服装设计领域，图文混合技术被广泛应用于创意构思和方案展示。例如，设计师可能首先通过文生图技术生成一款初步的服装设计图像，然后利用图生文技术提取图像中的关键设计元素并转化为文本描述。接着，他们可以根据这些文本描述进一步修改和完善设计方案，并最终通过图文混合的方式将最终设计以图像和文本相结合的形式展示出来。这样的展示方式不仅直观明了地呈现了设计方案的全貌，还便于设计师与用户之间的沟通和交流。

（三）价值

图文混合技术为服装设计提供了更加灵活和多样化的表达方式。它使得设计师能够充分利用文本和图像的优势进行创意表达，提高设计方案的直观性和可理解性。同时，该技术还有助于促进设计师与用户之间的沟通和交流，推动服装设计的创新和发展。

第三节

服装设计类AI工具提示词编写

在服装设计领域，AI工具的广泛应用极大地提升了设计效率与创意表达。而提示词的编写，作为AI工具生成服装设计的重要环节，其准确性和吸引力直接关系到设计成果的颜值。本节将深入探讨服装设计类AI工具提示词的组成及编写技巧，为设计师提供实用的指导。

一、服装设计提示词的组成

服装设计类AI工具提示词通常由多个关键元素组成，这些元素共同构成了AI生成设计的指令与指导。以下是一些常见的提示词组成元素：

（一）主题与风格

提示词应明确服装设计的主题与风格，如“复古风情”“街头潮流”“优雅”等。这些词汇能够引导AI工具生成符合特定主题与风格的设计。

（二）款式与细节

款式与细节是服装设计的核心，提示词中应包含对款式与细节的明确描述。例如，“荷叶边连衣裙”“一字肩上衣”“拼接牛仔裤”等，这些词汇能够具体指导AI工具生成相应的设计元素。

（三）颜色与图案

颜色与图案是服装设计的重要组成部分，提示词中应包含对颜色与图案的描述。如“粉色系”“波点图案”“几何图形”等，这些词汇能够帮助AI工具生成具有特定颜色与图案的设计。

（四）材质与工艺

材质与工艺对服装的质感和舒适度有着重要影响，提示词中可包含对材质与工艺的描述。如“丝绸面料”“刺绣工艺”“3D打印”等，这些词汇能够引导AI工具生成符合特定材质与工艺要求的设计。

（五）受众与场景

提示词中还可包含对受众与场景的描述，以帮助AI工具生成更加贴合实际需求的设计。如“职场女性”“运动场合”“晚宴礼服”等，这些词汇能够指导AI工具生成符合特定受众与场景的设计。

二、服装设计提示词的编写技巧

编写服装设计类AI工具提示词时，需要掌握一些实用的技巧，以确保提示词的准确性、创新性和吸引力。

（一）准确性与具体性

提示词应准确描述服装设计的各个方面，避免模糊和笼统的表述。同时，提示词应尽可能具体，以便AI工具能够生成符合期望的设计。例如，使用“高领毛衣”而非“保暖毛衣”，使用“金属质感连衣裙”而非“科幻元素礼服”。

（二）创新性与多样性

创新性的提示词能够激发AI工具的创意潜能，为设计带来更多可能性。设计师可以尝试将不同元素、风格或材质进行组合，以生成独特的设计。同时，为了拓宽设计思路，可以尝试使用多种提示词，以生成多样化的设计方案。

（三）美观性与吸引力

提示词不仅要准确具体，还要具有美观性和吸引力。设计师可以运用修辞手法如对比、排比等，使提示词更具表现力和感染力。例如，“浪漫蝴蝶结连衣裙”“璀璨星空晚礼服”等。

（四）简洁明了

提示词应简洁明了，避免冗长和复杂的描述。过于复杂的提示词可能导致AI工具无法准确理解，从而影响设计效果。设计师应尽量使用简练的语言，将关键信息准确传达给AI工具。

（五）紧跟时代潮流

服装设计是一个与时俱进的领域，提示词的编写应紧跟潮流趋势。设计师可以关注当前的流行元素和风格，将其融入提示词中，以生成符合市场需求的设计。例如，结合“国潮”“复古风”“赛博朋克”等流行元素进行提示词的编写。

（六）考虑受众需求

提示词的编写还应考虑受众的需求和喜好。设计师可以根据目标客户群体的特点，编写符合其需求的提示词。例如，针对年轻女性群体，可以使用“甜美可爱”“清新自然”等词汇；针对职场女性群体，可以使用“优雅干练”“专业气质”等词汇。

三、服装设计AI工具提示词编写实例分析

为了更好地理解服装设计类AI工具提示词的编写技巧，以下将结合国内外AI工具的实例进行分析。

（一）国内AI工具实例分析

以国内自绘AI设计平台为例，该平台提供了丰富的服装设计模板和提示词库。设计师可以通过选择模板并输入自定义提示词来生成设计。例如，设计师选择了一款连衣裙模板，并输入了以下提示词：“复古波点连衣裙，优雅蕾丝长袖，高腰A字裙摆，酒红色系”。AI工具根据这些提示词生成了一款符合要求的连衣裙设计。

在这个实例中，提示词包含了主题与风格（复古波点）、款式与细节（优雅蕾丝长袖、高腰A字裙摆）、颜色与图案（酒红色系）等多个关键元素。同时，提示词简洁明了、具体准确，有效地引导了AI工具生成符合期望的设计。

（二）国外AI工具实例分析

以国外Midjourney绘画工具为例，该工具能够根据用户输入的文本提示词生成相应的图像。在服装设计领域，设计师可以利用该工具进行创意构思和方案展示。例如，设计师输入了以下提示词：“一位身着未来主义风格连衣裙的女性，连衣裙采用银色金属质感面料，裙摆设计为流线型，搭配透明高跟鞋和银色耳环”。AI工具根据这些提示词生成了一幅充满未来感的连衣裙设计图像。

在这个实例中，提示词包含了主题与风格（未来主义风格）、款式与细节（银色金属质感面料、流线型裙摆）、颜色与图案（银色）、受众与场景（女性、连衣裙）等多个关键元素。同时，提示词具有创新性和吸引力，激发了AI工具的创意潜能，生成了独特而富有感染力的设计。

四、服装设计提示词编写的注意事项

在编写服装设计类AI工具提示词时，设计师需要注意以下几点：

（一）避免歧义

提示词应尽可能避免歧义和模糊性，以确保AI工具能够准确理解并生成符合期望的设计。设计师在编写提示词时，应仔细斟酌每个词汇的含义和用法，避免产生误解。

（二）注意文化差异

服装设计是一个具有文化特色的领域，提示词的编写需要注意文化差异。设计师在编写提示词时，应了解目标受众的文化背景和审美习惯，避免使用可能引起误解或冒犯的词汇。

（三）不断学习与实践

提示词的编写是一个不断学习和实践的过程。设计师应关注行业动态和技术发展，不断积累经验和知识，提高自己的编写水平。同时，设计师还应勇于尝试新的提示词和组合方式，以拓展自己的设计思路和创意空间。

小结

本章主要探讨了服装设计类AI工具及平台的相关内容。首先介绍了服装设计领域中的AI工具及平台，随后详细阐述了AI工具生成服装的多种方式，包括图生文、文生图、图生图以及图文混合等，这

些方法极大地丰富了服装设计的可能性。此外，还深入讲解了服装设计类AI工具提示词的编写，从组成、技巧、实例分析到注意事项，为使用者提供了全面的指导。通过本章的学习，读者可以更好地理解和运用服装设计类AI工具，提升设计效率与创意水平。

思考题

1. 请列举并比较至少三种不同的服装设计类AI工具或平台，分析它们在图生文、文生图、图生图以及图文混合等方面的功能差异和优缺点。
2. 在服装设计AI工具提示词编写过程中，你认为哪些元素（如主题与风格、款式与细节、颜色与图案等）对生成的设计结果影响最大？

练习题

选择一个你感兴趣的服装设计类AI工具或平台，尝试使用其提供的图生文、文生图、图生图或图文混合功能，设计一款符合特定主题和风格的服装。

第四章 AI服装设计实践

学习目标 1. 掌握AI在服装设计中的应用，包括服装图案设计、色彩搭配与预测，以及设计稿的生成与变换，提升服装设计的效率与创新性。

2. 熟悉多样服装风格的AI演绎方法，能够运用AI技术设计出具有特色的运动装、传统服装（如旗袍、汉服）、新中式服装等，拓宽设计视野。

3. 了解并掌握AI在服装品设计及模特生成方面的应用，学会利用AI进行鞋靴、帽饰、箱包等配饰的设计，以及模特的生成与换装，为服装设计作品增添更多可能性。

学习任务 运用AI进行主题企划、服装设计、配饰品设计，要求熟练使用软件，熟知AI功能的运用和整体调整，根据自身设计想法来添加细节描述等，以达到实现符合主题与自身设计需要的作品。

第一节

服装主题企划设计

设计实践一：服装企划灵感板设计

内容分析：本案例主要讲解AI软件登录、导入素材或文字、根据所需主题和设计需要进行描述处理、完成企划灵感板并保存等操作。

所选AI工具或平台：Midjourney

案例详解

步骤1：打开Midjourney Bot，并在文字频道对话框输入指令/imagine prompt并回车(图4–1)。

图4–1 Midjourney提示词输入框

步骤2：在对话框中输入提示词和命令“mood board, Theme: ‘New Life of Intangible Cultural Heritage’, Intangible cultural heritage velvet flower process, Modern fashion clothing styles, Traditional intangible cultural heritage velvet flower craft decoration clothing, Color coordination, Multi–element Fusion, No words, No animals. ––ar 16：9”(情绪板，主题：“非遗丝绒花新生活”，非遗丝绒花工艺，现代时尚服装风格，传统非遗丝绒花工艺装饰服装，色彩协调，多元素融合，无文字，无动物——构图比例16：9)(图4–2)。

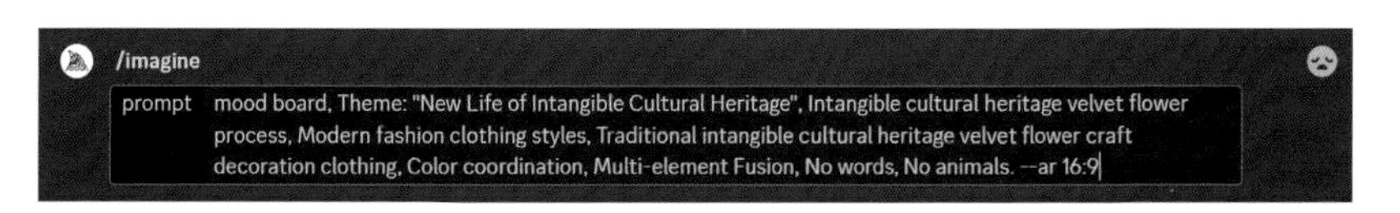

图4–2 输入提示词

步骤3: 回车后稍等数秒生成4张备选图(图4-3)。

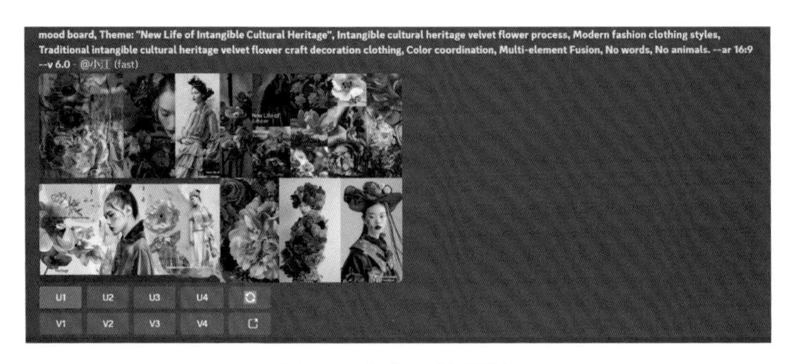

图4-3 生成灵感板图片

步骤4: 从四张备选图中，点击满意的一张，选择对应U的编号，如U1，将会生成如图4-4所示的高清图。

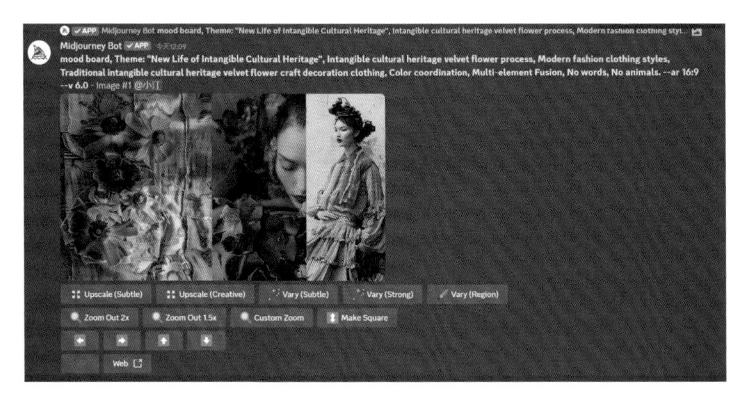

图4-4 选择放大图片

步骤5: 点击图片，再点击"在浏览器中打开"，跳转到网页后，点击右键将图片下载到本地(图4-5)。

图4-5 "在浏览器中打开"灵感板图片

步骤6: 最终获得的灵感板图片如图4-6所示。

图4-6 高清灵感板图片

设计实践二：服装企划灵感板的文字说明

内容分析： 本案例主要讲解AI软件登录、导入素材或文字、根据所需主题和设计需要进行描述处理，完成企划灵感板并保存等操作。

所选AI工具或平台： Sider；ChatGPT侧边栏

案例详解

步骤1： 在对话框选择需要撰写文案的灵感图片上传，可以上传通过“服装企划灵感板设计”生成的灵感素材，输入指令描述该图片(图4–7)。

图4–7 上传灵感板图片

步骤2： 几秒后获得对该图片的文字描述(图4–8)。

描述

Sider Fusion

这幅图像展示了丰富多彩的花卉和时尚元素的结合。左侧是一组鲜艳的花朵，主要以橙色和红色为主，与精美的织物背景相互辉映。中间部分侧重于细致的花朵细节，展现了其纹理和色彩的层次感。右侧展示了一位模特，身穿华丽的服装，配有显眼的发饰，整体风格充满了艺术感和生机，体现了对自然美和时尚的独特解读。整个画面散发出一种奢华而生动的氛围。

从GPT-4o获取更智能的答案

图4–8 灵感板图片的文字描述

步骤3： 输入指令“这是2025春夏女装主题的封面图，请帮我写主题文案”并回车(图4–9)。

这是2025春夏女装主题的封面图，请帮我写主题文案。

Sider Fusion

图4–9 给灵感板图片编写主题文案

步骤4： 最终获得“2025春夏女装主题文案”的文字说明(图4–10)。

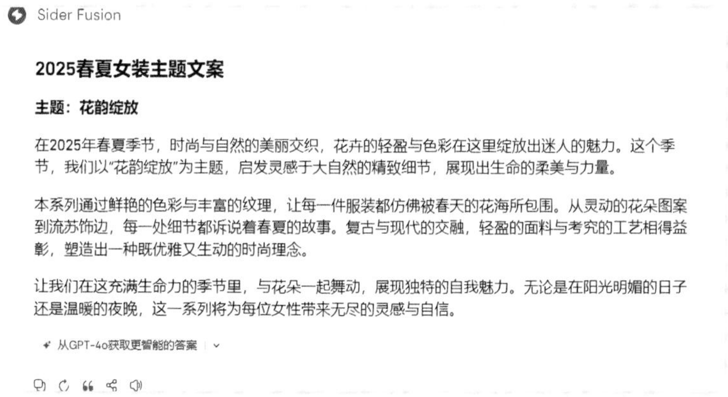

Sider Fusion

2025春夏女装主题文案

主题：花韵绽放

在2025年春夏季节，时尚与自然的美丽交织，花卉的轻盈与色彩在这里绽放出迷人的魅力。这个季节，我们以“花韵绽放”为主题，启发灵感于大自然的精致细节，展现出生命的柔美与力量。

本系列通过鲜艳的色彩与丰富的纹理，让每一件服装都仿佛被春天的花海所包围。从灵动的花朵图案到流苏饰边，每一处细节都诉说着春夏的故事。复古与现代的交融，轻盈的面料与考究的工艺相得益彰，塑造出一种既优雅又生动的时尚理念。

让我们在这充满生命力的季节里，与花朵一起舞动，展现独特的自我魅力。无论是在阳光明媚的日子还是温暖的夜晚，这一系列将为每位女性带来无尽的灵感与自信。

从GPT-4o获取更智能的答案

图4–10 “2025春夏女装主题文案”

第二节

服装图案设计

设计实践一：服装企划灵感版设计

内容分析：学会用AI工具生成服装相关图案。

所选AI工具或平台：Liblib AI

案例详解

步骤1：打开Liblib AI操作界面（图4-11）。

图4-11 打开Liblib AI操作界面

步骤2：在“提示词”栏输入：Chinese Dunhuang style, blue and orange, retro, texture, rich detail（中国敦煌风格，蓝橘色，复古，质感，细节丰富）。

步骤3：等待数秒，生成1张图片（图4-12）。

图4-12 生成1张图案

步骤4：设置“生图”参数，使“图片数量”由每次生成1张更改为每次生成4张，并点击“开始生图”（图4-13）。

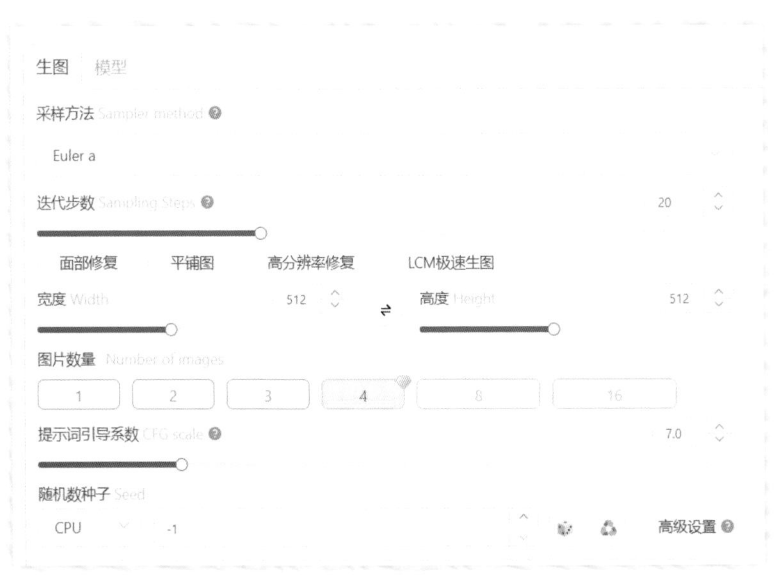

图4-13 设置“生图”参数

步骤5：等待数秒，同时生成4张图片(图4-14)。

图4-14 同时生成4张图案

步骤6：在提示词“Chinese Dunhuang style, blue and orange, retro, texture, rich detail”前面添加一组词语“seamless plain”(无缝平实)，点击开始生图，生成四张四方连续图案(图4-15)。

图4-15 生成四方连续图案

图4-16 下载四方连续高清图案

图4-17 四方连续图案排图查验

步骤7：点击其中一张图片，下载高清图片，并查验四方连续纹样(图4-16、图4-17)。

图4-18 改变提示词的颜色

步骤8：改变提示词的颜色，如在提示词栏输入“seamless plain, Chinese Dunhuang style, blue and yellow, retro, texture, rich detail”，并点击“开始生图”(图4-18)。

步骤9: 融合一下"龙凤"的主题，在提示词中输入"seamless plain, Chinese Dunhuang style, blue and yellow, Dragon and phoenix pattern, retro, texture, rich detail"，并点击"开始生图"，生成结果如图4-19所示。

图4-19 提示词中融入"龙凤"主题

步骤10: 调整一下提示词的位置，如在提示词栏输入"seamless plain, Chinese Dunhuang style, Dragon and phoenix pattern, blue and yellow, retro, texture, rich detail"，并点击"开始生图"，生成结果如图4-20所示。

图4-20 微调提示词的位置

步骤11: 挑选一张图片，应用到服装款式中，结果如图4-21所示。

图4-21 生成图案在服装设计中的应用

第三节

AI智能色彩搭配

内容分析：学会使用AI工具进行色彩搭配。

所选AI工具或平台：Stable Diffusion

所需素材：提前搭建好ComfyUI后台和界面

案例详解

步骤1：启动软件。

1. 启动ComfyUI程序，点击一键启动(图4-22)。

图4-22 启动ComfyUI程序

2. 程序会跳出一个窗口，可以看到启动的详细参数(图4-23)。

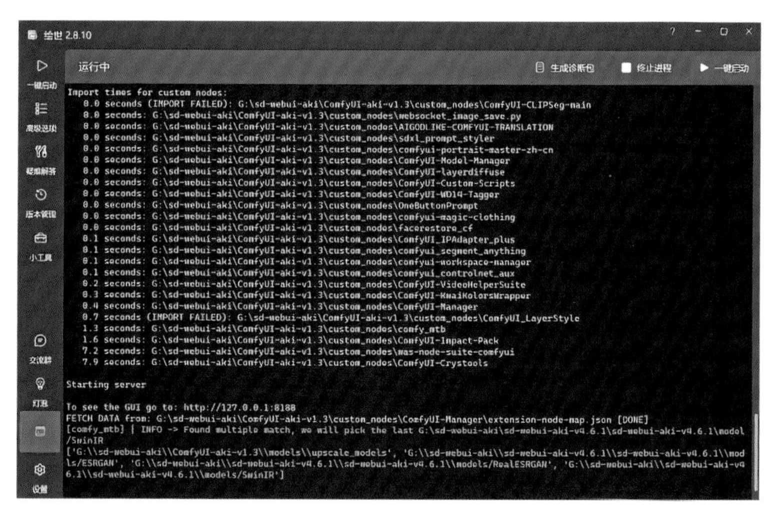

图4-23 启动的详细参数

3. 数秒后默认浏览器会打开一个ComfyUI操作界面(图4-24)。

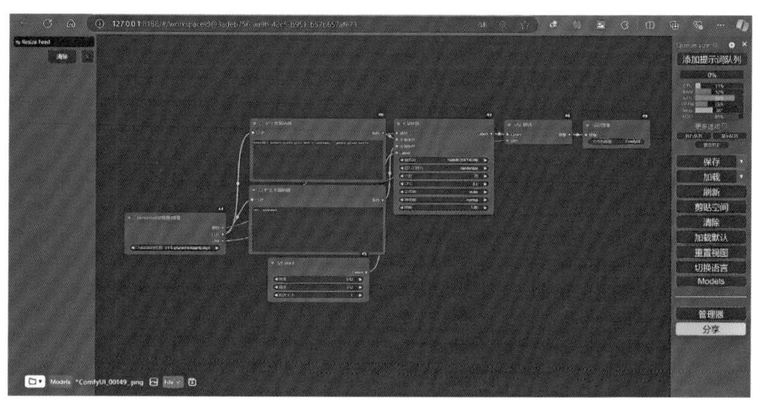

图4-24 ComfyUI操作界面

4. 点击左下角文件夹图标，选择提前搭建好的工作流(图4-25)。

图4-25 选择提前搭建好的工作流

5. 进入提前搭建好的工作流(注意：ComfyUI界面可以根据自己喜好改变，每个人可以依据喜好和需求进行界面调整)。在图4-26中A和D是固定改变不了的，A为生成结果预览区，B为生成结果区，C为提示词输入区，D为命令栏。

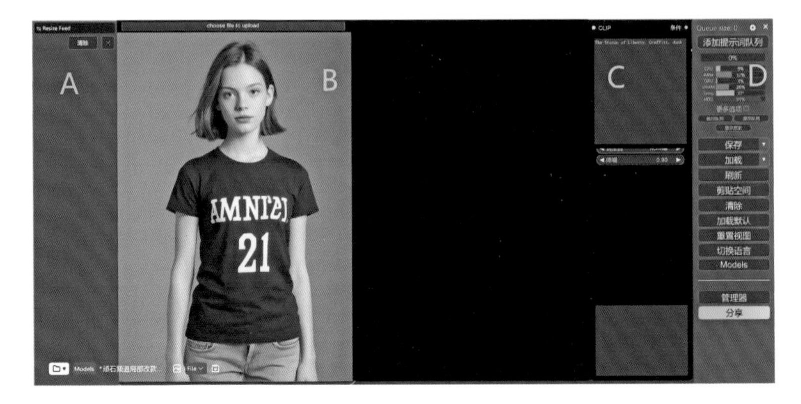

图4-26 ComfyUI界面分区

步骤2： 正式开始利用SD进行色彩搭配。

步骤3： 进入提前搭建好的"服装材质色彩变换"的工作流。

步骤4： 点击加载图片栏上的"choose file to upload"，会跳出一个打开文件对话框，选择要变化的图片，然后点打开，选择一件针织上衣搭配裤子的图片(图4-27)。

图4-27 选择针织上衣搭配裤子的图片

步骤5： 先分析图片，并列成关键词，根据图片的形象，我们把她变成关键词："1个女孩，针织上衣，喇叭裤"，英文基础提示词为"1model, crop knit top, Flared pant"。

首先做第一组色彩：红黄蓝配色，需要在基础关键词后加入"red, yellow, blue"，即尝试三原色配色。参数设置中，打勾更多选项，批次数量为10(生成10张)(图4-28)。

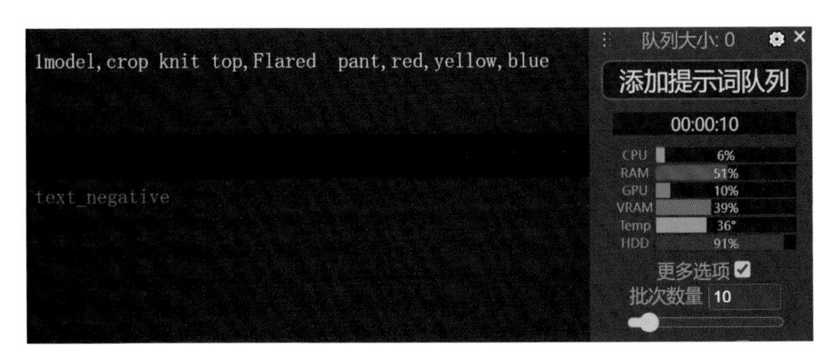

图4-28 参数设置

图4-29 三原色配色

步骤6：接着点击右边的"添加提示词队列"，AI便开始进行生成。其中"添加提示词队列"下面的0%是生成的进度条。

步骤7：接着可以看到下面右边图像的结果。把几个生成结果拼在了一起，可以看到三原色配色的效果(图4-29)。三原色以不同的方式随机生成，展现了AI配色的无限想象力。

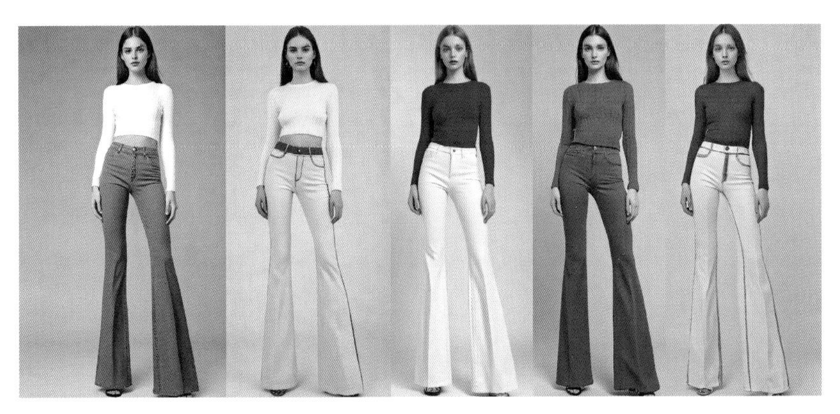

图4-30 单色配色-红色配色

步骤8：接着尝试"单色配色—红色配色"，提示词中去掉其他颜色，只保留红色。接着点击右边的"添加提示词队列"按钮，AI便开始进行生成，生成结果如图4-30所示。

图4-31 单色配色-黄色配色

步骤9：接着尝试"单色配色—黄色配色"，提示词中去掉其他颜色，输入黄色。接着点击右边的"添加提示词队列"，AI便开始进行生成，生成结果如图4-31所示。

图4-32 单色配色-蓝色配色

步骤10：同上，选择"单色配色—蓝色配色"，提示词中去掉其他颜色，输入蓝色。接着点击右边的"添加提示词队列"，AI便开始进行生成，生成结果如图4-32所示。

单色配色指的是在配色方案中使用同一色调的不同明暗、深浅和饱和度来进行搭配。这种配色方式简洁、和谐且统一，能够在视觉上带来一种高度的协调感。

步骤11: 试着把提示词换成大地色系，可以看到生成结果配色沉稳了不少(图4-33)。

图4-33 大地色系搭配

步骤12: 尝试一组“彩虹色彩搭配”，输入提示词Rainbow color matching，得到色彩搭配效果(图4-34)。

图4-34 彩虹色彩搭配

做好色彩搭配需要综合考虑色轮法则、色彩温度、明度和饱和度、材质、场合需求以及色彩心理学的因素。通过合理运用这些原则，可以在不同的场景中做到和谐、时尚并符合个人风格的色彩搭配。

第四节

款式线稿的生成与变换

设计实践一：款式线稿设计

内容分析：学会使用AI工具进行款式线稿的生成与变化。

所选AI工具或平台：POP・Ai智绘

案例详解

步骤1：打开“POP·Ai智绘”(图4-35)。

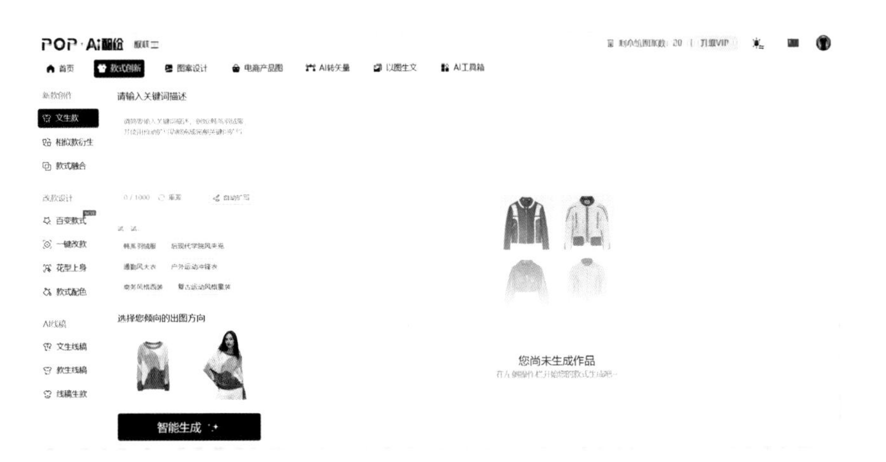

图4-35 打开“POP · AI智绘”

步骤2：点击上方菜单栏“款式创新”(图4-36)。

图4-36 点击“款式创新”

步骤3：点击左边菜单栏“文生线稿”(图4-37)。

图4-37 打开“文生线稿”

步骤4: 选择自己需要款式图的“单品品类”(图4-38)。

步骤5: 点击“请输入关键词描述”输入自己需要款式图的关键词描述“时尚羽绒服设计，中长款式女士羽绒服，腰部修身，毛领设计，紧身肋骨，对称缝制结构”。

步骤6: 再选择需要的“单次生成张数”，选择“1张”(图4-39)。

图4-38 选择款式图“单品品类”　　图4-39 选择生成张数

步骤7: 点击“智能生成”按钮，生成如图4-40所示款式图。

图4-40 生成款式图

步骤8: 生成的羽绒服正背面款式图展示(图4-41)。

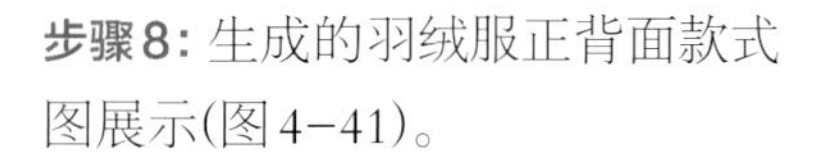

图4-41 正背面款式图展示

设计实践二：成衣转换为款式线稿

内容分析：结合实例展示如何应用AI将成衣转换为线稿。

所选AI工具或平台：POP · Ai智绘

案例详解

步骤1：打开“POP·Ai智绘”，点击上方菜单栏“款式创新”，点击左边菜单栏“款生线稿”（图4–42）。

步骤2：上传款式图，点击上传双排扣大衣参考图，并输入关键词描述“双排扣大衣款式图”（图4–43）。

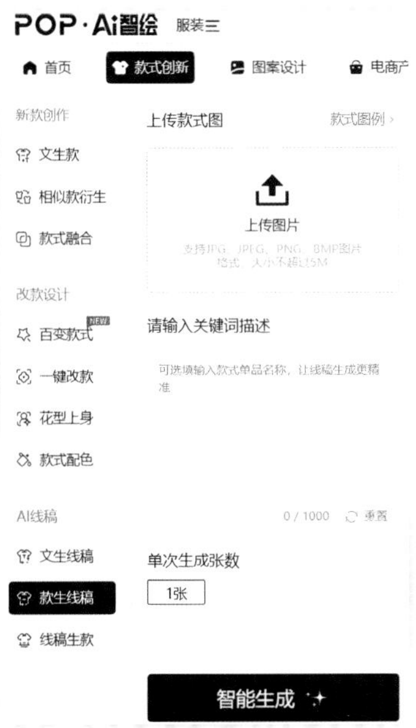

POP·Ai智绘
服装三
首页
款式创新
图案设计
电商产
新款创作
上传款式图
款式图例 ›
文生款
相似款衍生
款式融合
上传图片
改款设计
百变款式
NEW
请输入关键词描述
一键改款
花型上身
款式配色
AI线稿
0 / 1000
重置
文生线稿
单次生成张数
款生线稿
1张
线稿生款
智能生成

图4–42 点击“款式创新”

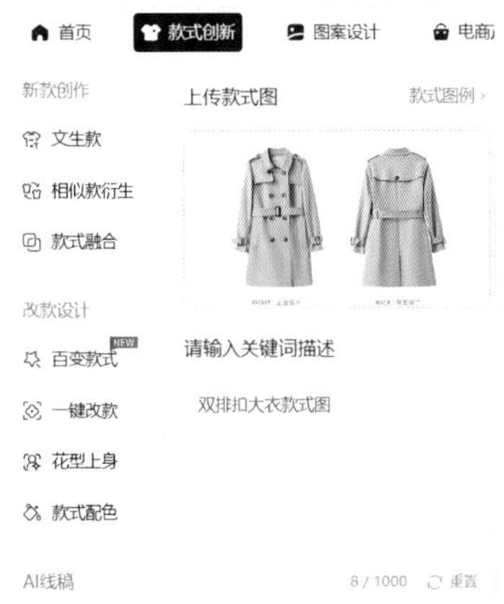

首页
款式创新
图案设计
电商
新款创作
上传款式图
款式图例 ›
文生款
相似款衍生
款式融合
改款设计
百变款式
NEW
请输入关键词描述
一键改款
双排扣大衣款式图
花型上身
款式配色
AI线稿
8 / 1000
重置

图4–43 上传大衣参考图

步骤3：点击“单次生成张数”，选择“1张”，点击“智能生成”，生成图4–44所示款式线稿。

首页
款式创新
图案设计
电商产品图
AI转矢量
以图生文
AI工具箱
新款创作
上传款式图
款式图例 ›
文生款
相似款衍生
款式融合
改款设计
百变款式
NEW
请输入关键词描述
一键改款
双排扣大衣款式图
花型上身
款式配色
AI线稿
8 / 1000
重置
文生线稿
单次生成张数
款生线稿
1张

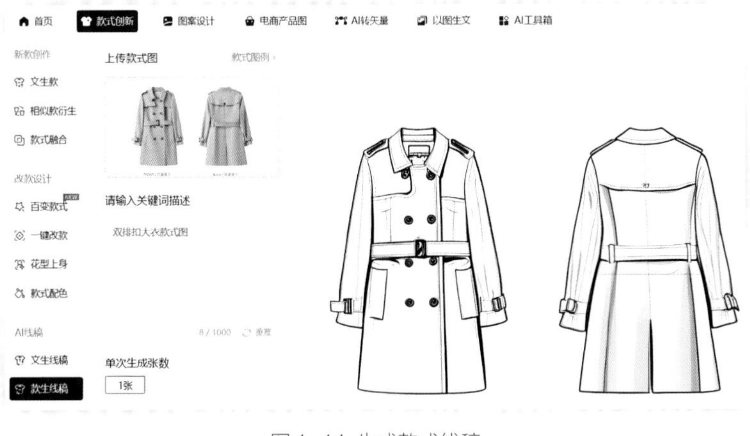

图4–44 生成款式线稿

步骤4：成衣与款式线稿的对比展示(图4–45)。

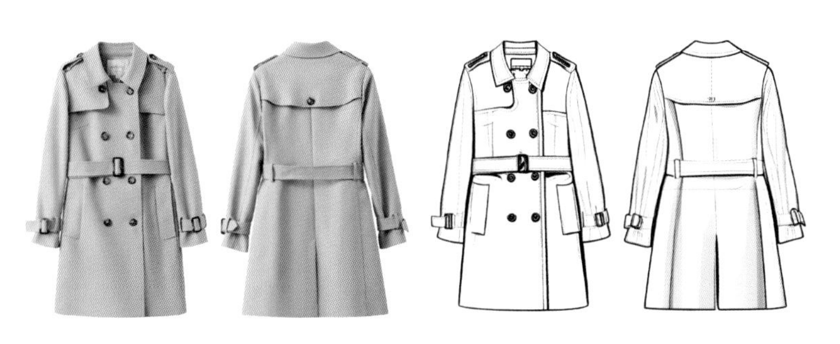

图4–45 成衣与款式线稿的对比展示

设计实践三：款式改款

内容分析：结合实例展示如何应用Ai工具变换款式。

所选工具或平台：POP · Ai智绘

图4-46 点击“百变款式”

步骤1：打开“POP·Ai智绘”，点击上方菜单栏“款式创新”，点击左边菜单栏“百变款式”，上传原款“双排扣大衣”(图4-46)。

步骤2：上传驼色参考款式，生成驼色双排扣大衣(图4-47)。

图4-47 转变为驼色双排扣大衣

步骤3：上传橙色参考款式，生成橙色双排扣大衣(图4-48)。

图4-48 转变为橙色双排扣大衣

步骤8：上传粉色参考款式，生成粉色双排扣大衣(图4-49)。

图4-49 转变为粉色双排扣大衣

设计实践四：款式面料与细节的变换

内容分析： 本节案例主要讲解AI软件登录、导入素材或文字、根据所需主题和设计需要进行描述处理、出图后调整AI设计稿最终完成并保存等操作。

所选AI工具或平台： LOOK AI

案例详解

步骤1： 打开LOOk AI，并点击左边菜单栏选择第一项功能“文生图”（图4-50）。

图4-50 打开LOOk AI的“文生图”

步骤2： 在对话框中描述需要图片的一些关键信息，点击对话框右下角的星星标识；也可以选择AI润色（如果有参考图可以选择图片描述，拖入参考图即可）。

步骤3： 润色后的关键词为：“模特站在无色背景前，展示一套黑白渐变色服装。上身是一件经过设计改造的针织复杂款结构外套，搭配纯棉立体荷叶褶皱高领毛衣，独特的裁剪和织法使其具有立体感与创意性。下半身搭配的是同系列品牌结构风格的针织裙裤，延续了上衣的设计理念，整体呈现出设计感。脚上穿着一双米色鞋子，与白色服装形成柔和的色彩对比。模特的发型为湿发效果，自然垂下。整个造型体现出一种新颖的设计。”输入命令后，点击生成图片（选择最多的生成张数，方便选择最中意效果的图片）（图4-51）。

图4-51 文生图生成服装款式

步骤4： 生成几张图后，选择一款最中意的图片，点开功能栏第三个款式延伸将所选图片投喂成参考图，根据需要调整自己需要的变化幅度，点击设计特征，选择需要给这款服装添加的关键词，并重复第一步骤做一些描述，用AI润色点击出图（图4-52）。

图4-52 参考图及“设计特征”

步骤5： 点击生成LOOK(1张)，重复多次生成图片，出图后选择符合需求的一张图片，款式效果就完成了(图4-53)。

图4-53 款式变换效果

步骤6： 接下来对生成的款式进行面料的变换。打开LOOK AI后点击左边菜单栏，选择第二项功能“线稿生图”。

步骤7： 将之前AI生成的图片分别上传至线稿框和参考图，调整好自己需要更改的幅度大小。

步骤8： 为了出图后的效果更贴近要求，点击设计特征可以在面料一栏选择自己想用到的面料和色彩，然后在关键词处添加提示词描述进行AI润色(图4-54)。

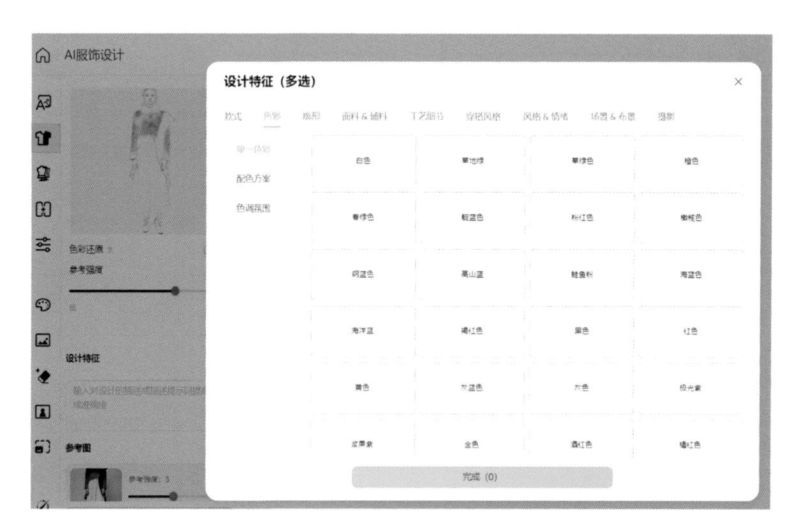

图4-54 面料栏中选择面料

步骤9： 填选完关键词后一定要选择AI润色，其次参考强度一定要高，这样出的图也更接近原图修改。

步骤10： 点击生成LOOK后批量出图(图4-55)，最后选择一张最佳的即可，如图4-56所示为面料转换为牛仔的最终效果。

图4-55 根据款式进行面料的变换

图4-56 面料转换为牛仔

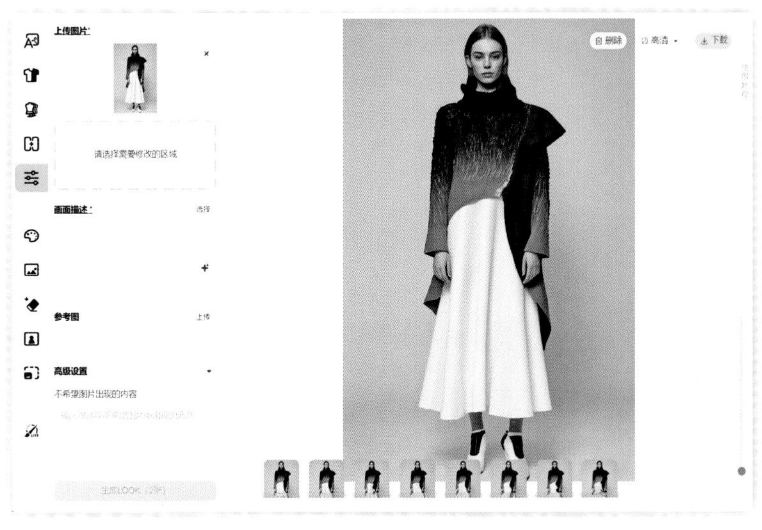

图4-57 点击需要修改的区域

步骤11： 接着对生成的款式进行改款。选中步骤5中所生成的款式，点击左侧功能栏第五个功能"局部修改"。

步骤12： 将所选图片上传后点击需要修改的区域(图4-57)。

图4-58 选取裙子为修改主体

步骤13： 此处用下装举例，想更换一个更有层次感的分割设计裙，所以此处选取裙子为修改主体(图4-58)。

步骤14: 在确定好修改主体后，需要添加关键词用AI润色描述，再根据自己的需要进行关键词微调(图4-59)。

图4-59 添加关键词进行AI润色描述

步骤15: 用文字关键词描述的修改图片往往不太符合我们的要求，但却可以提供很多不同的思路，此时为了让裙装更符合描述与预期，需要插入参考图。

步骤16: 点击“参考图”(图4-60)，找一个符合要求的参考图拖动至上传(图4-61)。

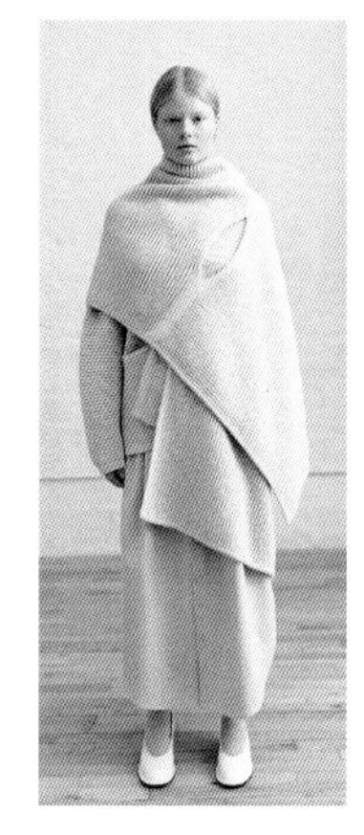

图4-60 款式变换的参考图

图4-61 拖入参考图

步骤17: 上传好参考图后点击“确定”，调整其参考度，度数越高，越还原参考图。

步骤18: 此时就可以大量出图，从中再次筛选符合主题与设计的服装进行高清保存，单套AI设计稿就完成了(图4-62)。

步骤19: 款式修改后的最终效果展示(图4-63)。

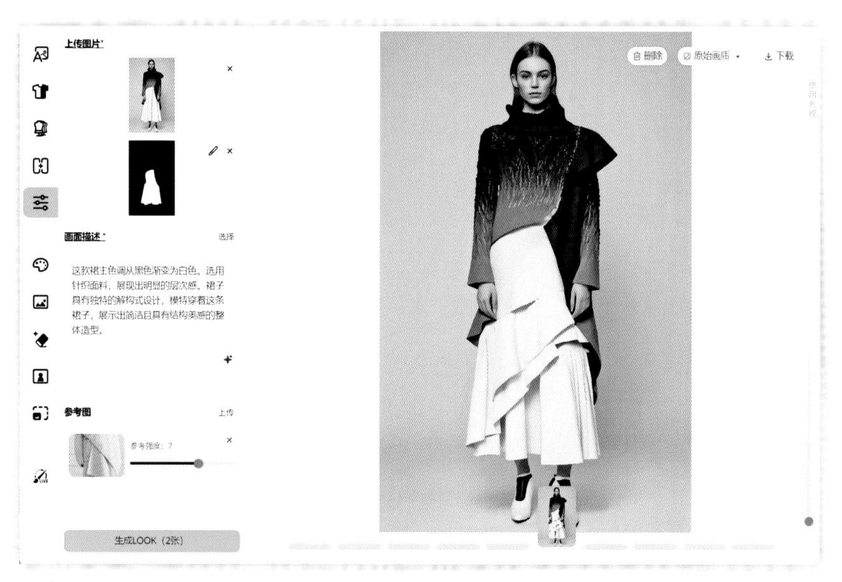

图4-62 调整参考度完成款式改款

图4-63 款式改款效果展示

第五节

效果图的设计与变换

设计实践一：效果图绘制

内容分析：学会使用Ai工具进行系列效果图的设计。

所选AI工具或平台：ChatGPT

案例详解

图4-64 童装波西米亚风系列效果图

步骤1：在对话框输入指令“帮我绘制一组童装波西米亚风系列效果图，要有衬衫、裤子、裙子等多种品类”并回车。

步骤2：回车后稍等数秒生成(图4-64)。

步骤3：点击图片进入大图视图。

步骤4：点击图片，再点击“在浏览器中打开”，跳转到网页后点击右键将图片下载到本地(图4-65)。

图4-65 下载高清效果图

步骤5：(可以接着对话输入)提示词：再绘制一组男装运动风系列效果图，生成效果如图4-66所示。

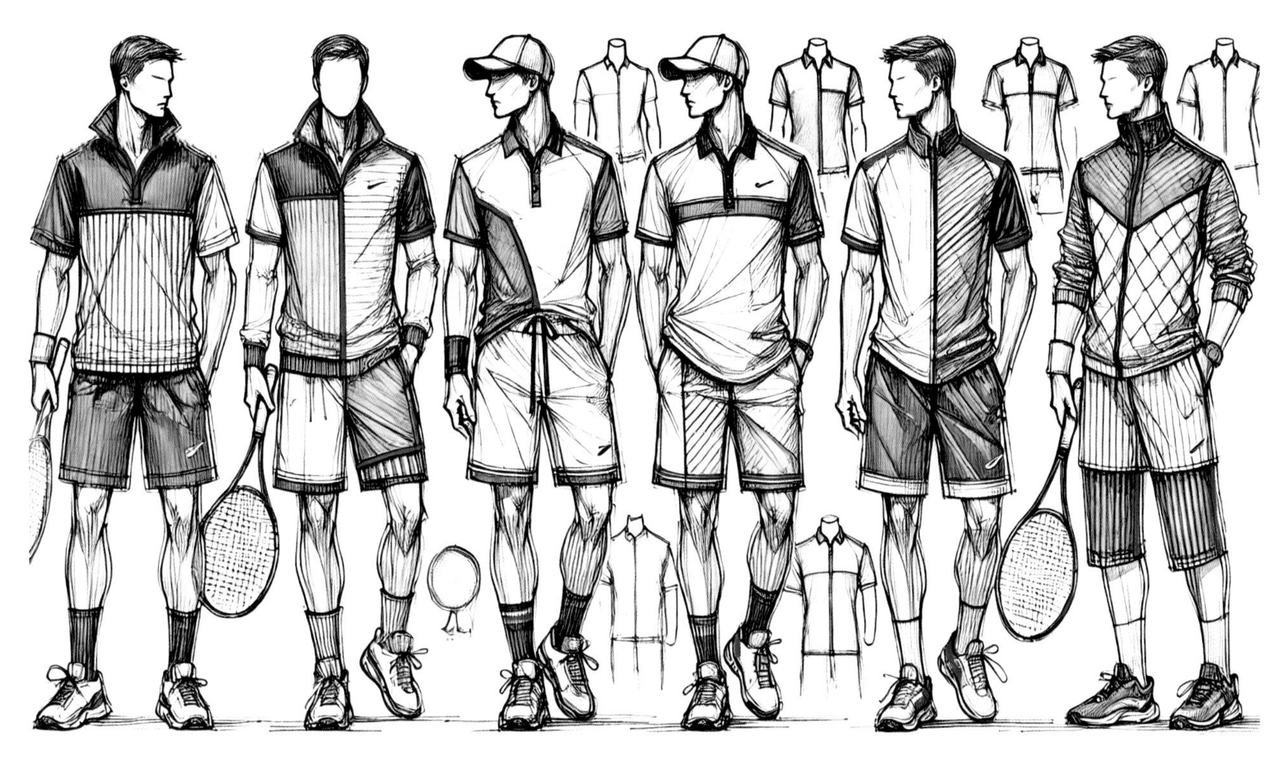

图4-66 男装运动风系列效果图

步骤6：(可以接着对话输入)提示词：再绘制一组女装都市风系列效果图，生成的作品如图4-67所示。

图4-67 女装都市风系列效果图

设计实践二：效果图变成衣

内容分析：学会使用Stable Diffusion进行从效果图到成衣的转化。

所选AI工具或平台：Stable Diffusion

案例详解

步骤1：启动软件。启动ComfyUI程序，启动步骤与“第三节AI智能色彩搭配”中的一样。

步骤2：正式开始进行效果图变成衣。

步骤3：进入提前搭建好的“线稿到成衣”的工作流(图4-68)。

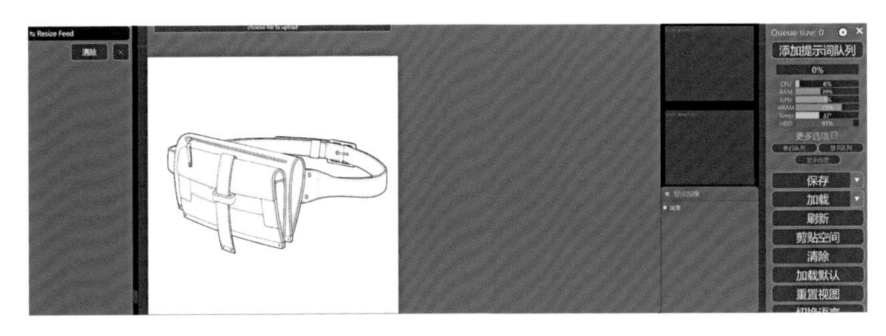

图4-68 ComfyUI界面分区

步骤4：点击加载图片栏上的“choose file to upload”，会跳出一个打开文件对话框，选择你要进行效果图变成衣的图片，然后点击打开。选择一个女模特效果图，打开后如图4-69所示。

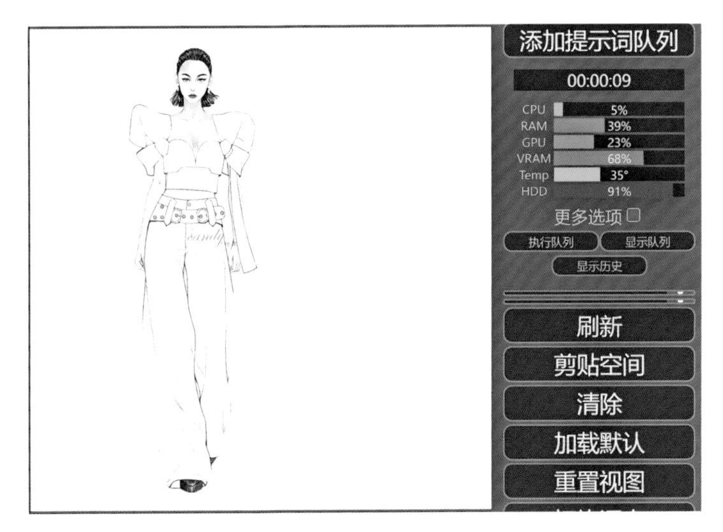

图4-69 选取女模特效果图

步骤5：在提示词区输入成衣的关键词“一个女模特。时尚上衣，牛仔裤，腰带，奢华饰品”。英文提示词为“Fashionable top, jeans, belt, and luxurious accessories”。

步骤6：接着点击右边的“添加提示词队列”，AI便开始进行生成。其中“添加提示词队列”下面的0%是生成的进度条。

步骤7：接着可以看到生成图像的结果，左图为效果图，右图为Ai生成的成衣效果(图4-70)。

图4-70 效果图变换成衣的效果

步骤8：接着继续点击“添加提示词队列”，点几次生成几张，我们点击3次。数秒后得到如图4-71所示结果。看到左边的预览图展示了前几次生成的结果，点击预览图的图片，图片会被放大。

图4-71 生成多张成衣图

图4-72 预览效果图变成衣后的效果

图4-73 变换成衣的材质

步骤9：在图片查看界面可以用键盘左右键切换图片查看，也可以用右键另存图片到需要的地方。点击右上角的大×可以关闭预览。这样就完成了效果图变成衣了(图4-72)。

步骤10：尝试换个提示词，变换服装材质。把提示词换成“真丝质感上衣，皮裤，腰带，奢华饰品”。在提示词栏输入“Silk-textured top, leather pants, belt, and luxurious accessories”，然后点击“添加提示词队列”再次生成(图4-73)。

步骤11：多次生成，对比原图与生成图，如图4-74所示。

图4-74 对比原图与生成图

设计实践三：“款式图—效果图—成衣”变换

内容分析： 学会综合使用Ai工具来完成“款式图效果图，成衣图”之间的变换。

所选AI工具或平台： 1. Photoshop　2.Stable Diffusion

案例详解

步骤1： 启动软件。启动ComfyUI程序，启动步骤与“第三节 AI智能色彩搭配”中的一样。

步骤2： Photoshop处理图片素材。

(1) 打开Photoshop，新建一个768×1024像素的空白图，点击创建。

(2) 用Photoshop分别打开平面图稿图片和手绘模特图片(分别是三个文件)(图4-75)。

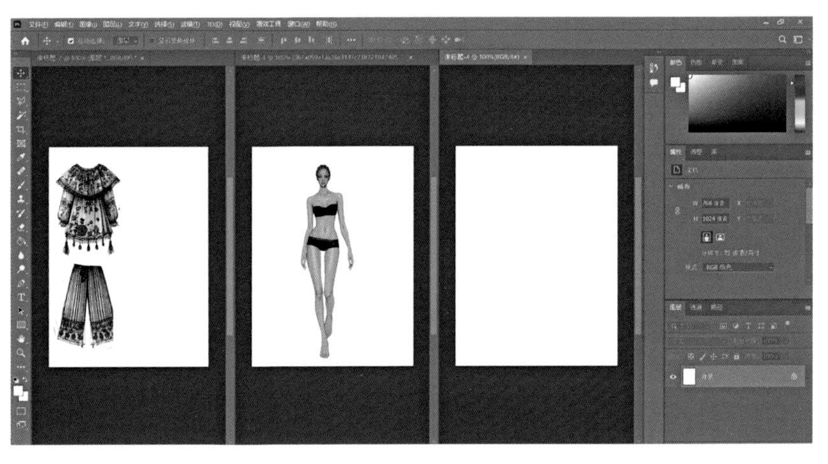

图4-75 打开平面图稿图片和手绘模特图片

(3) 选择衣服图层，然后点击菜单栏“选择”中的“主体”(图4-76)。

图4-76 选择衣服图层

(4) 这时衣服被选择，在选择工具被选择的情况下，右键单击被选中的衣服，选择“反选”。然后点击键盘上的DELETE键，删除衣服的背景(图4-77)。

图4-77 删除衣服的背景

图4-78 将模特与服装排列好

(5)用同样的方法删除裤子的背景，确保衣服和裤子是不同图层。

(6)先将模特拖进空白页，然后依次将裤子、衣服拖进空白页，确保模特在最底层，裤子在第二层，衣服在第一层，效果如图4-78所示。

(7)把衣服裤子按照比例缩放放在模特前面，裤子适当比例旋转，变形，拼贴在腿上(图4-79)。

(8)点击菜单栏“文件”，“导出”，“导出为”JPG格式存到硬盘。

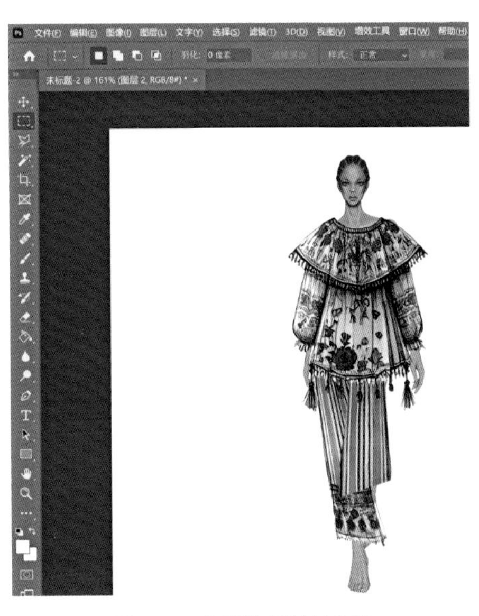

图4-79 按照比例缩放服装

步骤3：正式开始进行平面款式图变效果图。

(1)进入提前搭建好的“款式改款”的工作流程。

(2)点击加载图片栏上的“choose file to upload”，会跳出一个打开文件对话框，选择要进行效果图变化的图片，然后点击打开(图4-80)。

(3)在提示词区输入成衣的关键词，输入提示词“时尚插画，手绘效果图，1个模特，花朵雪纺上衣，条纹裤子，民族风格。自然风格”，英文提示词为“Fashion illustration, hand-drawn style, one model, floral chiffon blouse, striped pants, ethnic style, natural style”。

(4)接着点击右边的“添加提示词队列”，AI便开始进行生成。其中“添加提示词队列”下面的0%是生成的进度条。

(5)生成效果如图4-81所示，左图为效果图，右图为AI生成的成衣效果。

图4-80 加载图片

图4-81 效果图变换为成衣

(6)接着继续点击“添加提示词队列”，点几次生成几张，这里点击3次。数秒后得到图4-82所示结果。预览图展示了前几次生成的结果，点击预览图的图片，图片会被放大。

(7)在图片查看界面，可以键盘左右键切换查看图片，也可以右键另存图片到需要的地方。点击右上角的大×可以关闭预览。这样就完成了效果图变成衣了(图4-83)。

(8)多次生成，对比原图与生成图(图4-84)。

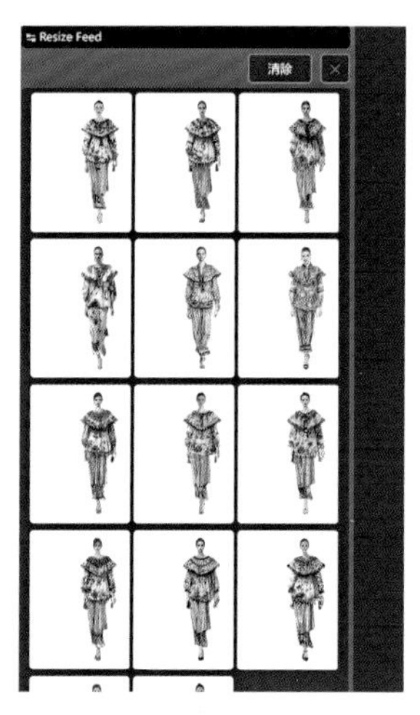

图4-82 生成多张成衣图片

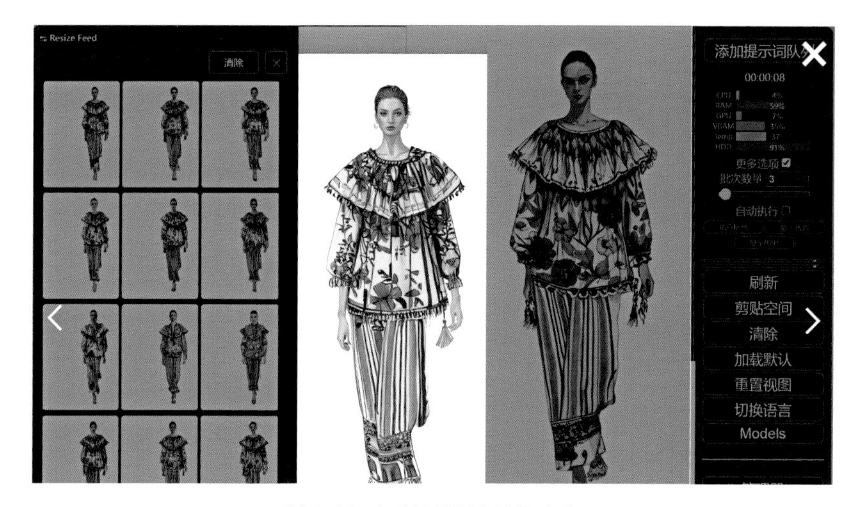

图4-83 完成效果图变换为成衣

图4-84 对比“款式图”与“成衣”效果

设计实践四：图片转换动态走秀

内容分析：模特更换背景是一个非常重要的AI技术，比PS更能自然地将主体和背景融合。

所选AI工具或平台：Stable Diffusion

案例详解

步骤1：启动软件。启动ComfyUI程序，启动步骤与"第三节 AI智能色彩搭配"中的一样。

步骤2：打开提前搭建好的"文生图"工作流界面(图4-85)。

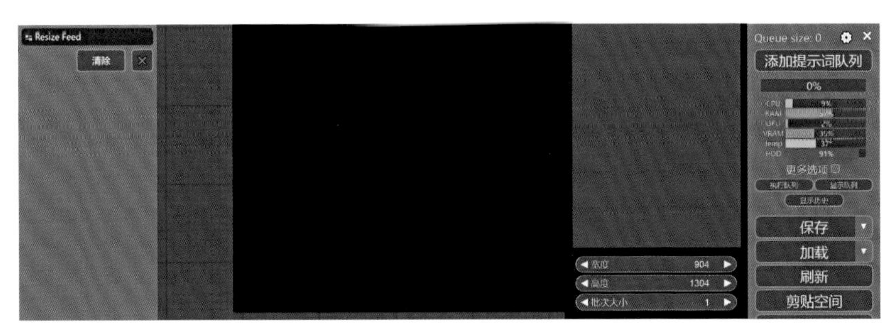

图4-85 "文生图"工作流界面

步骤3：在提示词区输入关键词，输入"A cute little girl, 5 years old, wearing a floral dress, walking on the runway as a professional model"。中文提示词为"1个可爱的小女孩，5岁，穿着花连衣裙，在T台上走秀，专业的模特"。

步骤4：接着点击右边的"添加提示词队列"，AI便开始进行生成。其中"添加提示词队列"下面的0%是生成的进度条。

步骤5：图4-86所示为图像的处理结果。

图4-86 生成秀场效果图

步骤6：尝试改变生成尺寸，每个模型适配尺寸不同，请根据模型选择尺寸。

步骤7：再次点击"添加提示词队列，进行生成"，可以在图片左边选择观看已生成的图片。这次保存一张图，下一步需要改秀场背景(图4-87)。

图4-87 保存秀场生成图

步骤8: 变换秀场背景。

(1) 打开“款式改款”工作流。

(2) 点击加载图片栏上的“choose file to upload”，会跳出一个打开文件对话框，选择要进行款式改款的图片，然后点击打开。直接调用前面生成的女孩模特。

(3) 在图片上点击右键选择“在遮罩编辑器中打开”(图4-88)。

图4-88 右键选择“在遮罩编辑器中打开”

(4) 程序会跳出一个新窗口，鼠标在图片上会变成一个圈，可以在图片上要改的位置进行涂抹。其中Thickness用来控制笔触大小；Opacity用来调节涂抹后的透明度；Color用来选择涂抹的色彩。如果要清除涂抹，点击左边的文字“清除”。所有背景涂抹好后，点击Save to node确定(图4-89)。

图4-89 涂抹所有背景

(5) 在提示词区输入改款的关键词“Runway in the desert, fashion show”。中文为“沙漠里的秀场”，把T台带入沙漠。

(6) 接着点击右边的“添加提示词队列”，AI便开始进行生成。其中“添加提示词队列”下面的0%是生成的进度条。

(7) 图4-90所示为生成的结果。

图4-90 “沙漠里的秀场”效果

图4-91“海边的秀场”效果

(8)再次在提示词区更改提示词，输入“Runway by the seaside, fashion show”，中文意为“海边的秀场”，把T台带入海边。

(9)接着点击右边的“添加提示词队列”按钮，AI便开始进行生成，结果如图4-91所示。

(10)再次在提示词区更改提示词，输入“在皇家花园走秀，巴洛克风格”。英文提示词“Walking the runway in a royal garden, Baroque style”。接着点击“添加提示词队列”。可以看到小模特又换场景走秀了(图4-92)。

图4-92 秀场变换为“在皇家花园走秀，巴洛克风格”

第六节

AI自动推款

设计实践：AI自动推款

内容分析：学会使用Stable Diffusion进行自动推款。

所选AI工具或平台：Stable Diffusion

案例详解

步骤1：启动软件。启动ComfyUI程序，启动步骤与“第三节 AI智能色彩搭配”中的一样。

步骤2：正式开始进行款式推款。

步骤3：打开“款式推款”工作流，点击加载图片栏上的“choose file to upload”，会跳出一个打开文件对话框，选择要进行款式改款的图片，然后点打开。

打开后如图4–93所示。

图4-93 改款参考图

步骤4：分析图片，将图片关键词变成提示词“A girl, sweater, shirt collar, half skirt, shoes”。中文为“一位女孩，毛衣，衬衫领，鞋子”。第一次生成关键词尽量简单，然后点击右边的更多选项，批次数量改成4(即一次生成4张)。

步骤5：点击添加提示词队列，AI自动生成4张图。这里直接把几张结果拼在一起，可以看到生成效果。因为提示词描述和主体一致，所以在款式细节上只是一点变化，衍生出了很多类似款(图4–94)。

图4-94 款式进行细节微调

步骤6：如果要变化更大一些，就在原来款式上加入“网球运动”关键词，让AI随机生成网球图案。在原来的关键词中加入“Sporty style, tennis print”提示词，再次点击“添加提示词队列”。这里直接把几张结果拼在一起，可以看到毛衣有了很大的变化(图4–95)。

图4-95 毛衣有了较大的变化

步骤7: 把款式改成万圣节风格。去掉刚才加入的提示词“Sporty style, tennis print”,加入新的提示词“Gothic style, dark aesthetic”,再次点击“添加提示词队列”,得到结果如图4-96所示。

图4-96 款式改成万圣节风格

步骤8: 接着改变品类,将裙子改成印花半裙,上衣改成学院风开衫,更改提示词为“A girl, preppy, cardigan, print skirt, shoes”,再次点击“添加提示词队列”,得到结果如图4-97所示。

图4-97 款式变换了服装品类

第七节

多样服装风格的演绎

设计实践一：汉服设计

内容分析：

- 通过输入不同关键词（prompt）探索AI生成汉服图像的潜力和多样性。
- 利用设置权重（weights）的方式，让关键的细节在图像中得到更好呈现。
- 掌握如何结合关键词调整服装的颜色、纹理、配饰、发型等，形成完整的设计效果。

所选AI工具或平台：

- Stable Diffusion（the Araminta_ev3.safetensors模型）
- Civitai（关键词和模型来源）
- AI图像生成软件或平台，用于实时预览和生成汉服图像

案例详解

步骤1：点击Windows批处理文件以打开Stable Diffusion操作界面(图4-98)。

步骤2：首先更改左上角的checkpoint模型，选择“the Araminta_ev3.safetensors”模型。然后点击蓝色的刷新按钮。

设置基本关键词(prompt)：“1girl, fashion model, tall and slender figure, standing, legs together, 2024 fashion trend, highres, in winter, photo shoot studio, high quality, 4k, (white background：1.4), realistic, lora：HandFineTuning_XL：1.4, lora：detailed_hands：1.4, modernized style, street style”。然后在此基础上添加“Tang dynasty hanfu(唐代汉服)”和“Chinese traditional costume(中国传统服装)”的prompt。中间和底部的设置保持不变。如果想尝试不同风格的图像，可以在中部的sampling method(采样方法)中选择其他模型。最后，点击右侧的“Generate(生成)”按钮生成图像。这样我们就可以看到生成的中国传统汉服(hanfu)图像(图4-99)。

步骤3：接下来，为了改变裙子的形态，输入“pleated skirt(百褶裙)”，并尝试不同的颜色，使用“pastel colors(柔和色彩)”。放大查看生成的图像，可以看到虽然与传统百褶裙略有不同，但大体上已经呈现了类似的效果(图4-100)。

图4-98 Stable Diffusion操作界面

图4-99 生成唐代汉服

图4-100 具有“pleated skirt（百褶裙）”特征的汉服

步骤4：接下来给模型手上添加一个小包包。在prompt中添加“(holding a small clutch, elegant box shaped purse：1.2)”(拿着小手包，优雅的盒形手包)，其中括号和“：1.2”是为了提高该关键词的权重。关键词越多，越需要通过括号和1~1.6之间的数字来提高权重，以确定在图像中更重要的关键词优先呈现。查看生成的图像，可以看到模型手中拿着一个手包(图4-101)。

步骤5：现在改变模型的发型。为了把模型的发型变成盘发(upstyle)，在prompt中输入“simple bun with side part(侧分简单盘发)”。放大查看生成的图像，可以看到模型的发型已经变成了盘发(图4-102)。

图4-101 添加手拿包的汉服效果

图4-102 更换了模特发型的汉服穿着效果

到这里，我们已经通过关键词输入练习了如何改变服装风格、颜色、裙子形态、配饰和发型。可以通过改变和组合更多关键词，生成无穷无尽的图像效果。

设计实践二：新中式服装设计

内容分析：

- 通过关键词调整，探索AI生成图像中“新中式”服装的风格融合和变化可能性。
- 学会如何运用现代与传统服装元素，结合不同色彩、材质、细节，实现符合当代潮流的设计效果。
- 了解txt2img和img2img两种生成模式，并熟练运用其不同的生成效果。

所选AI工具或平台：

- Stable Diffusion（用于图像生成的模型）
- Civitai（模型和关键词来源）
- AI图像生成软件或平台，用于实时调整和预览图像效果

案例详解

步骤1：同样如图4-98所示，点击Windows批处理文件以打开Stable Diffusion操作界面。

步骤2：为了生成“新中式“风格的图像，输入“Fusion of Traditional and Modern（传统与现代的融合）”“fusion fashion(融合风格)”“blend of tradition and modernity（传统与现代的结合）”“modern twist on traditional attire（传统服装的现代演绎）”等关键词。也可以尝试“new Chinese style（新中式风格）”“modern Chinese fashion（现代中式服装）”“contemporary Chinese costume（当代中式服装）”等关键词。此外，为了更好地呈现图像的质量，还加入了“hanfu-inspired dress（汉服风礼服）”“minimalist yet ornate（极简而精致）”等关键词。从生成的图像中可以看到，袖子的长度与宽度、裙子的前摆造型等都比较有设计感（图4-103）。

步骤3：接下来将更详细地改变形态或装饰部分。在关键词中加入“modern Chinese style with lace trims and beaded embroidery（现代中式风格搭配蕾丝镶边与珠饰刺绣）”“A-line dress with corseted waist(束腰A字裙)”“metallic gold fringe（金色流苏装饰）”“bell sleeves with lace cuffs（蕾丝袖口喇叭袖）”“silk and velvet fabric mix（丝绸与天鹅绒面料混搭）”。可以根据自己的需求调整关于服装形态、名称或材质的关键词。

图4-103 生成新中式风格的服装

图4-104 具有蕾丝镶边与珠饰刺绣的新中式服装

图4-105 汉服与西方时尚的融合作品

图4-106 具有现代感的新中式服装

图4-107 多样化的新中式服装

使用上述prompt进行多次生成，建议重复至少20次。这一步骤有助于探索不同风格的呈现(图4-104)。

步骤4: 接下来输入一些新的关键词，如“fusion of hanfu and western fashion (汉服与西方时尚的融合)”“elegant tailored blazer with embroidered details (优雅刺绣细节修身西装外套)”“fitted waist and flared skirt (收腰伞裙)”“gold braided trimmings (金色编织装饰)”“delicate pearls and crystal embellishments (精美珍珠与水晶装饰)”(图4-105)。以“hanfu(汉服)”作为中心关键词进行各种尝试是非常好的方式。

步骤5: 从前面三步生成的结果来看，或许现代感不足，这时可以稍微调整关键词，再次尝试一下。比如输入“chic modern hanfu style (时尚现代汉服风格)”“fitted waist and flowy asymmetrical skirt (贴身收腰不对称裙摆)”“satin fabric with light sheen (带有微光的缎面)”“warm beige and jade green palette (暖米色与翡翠绿配色)”“minimal floral embroidery (极简花卉刺绣)”“ribbon-tie sleeves (丝带系带袖)”“mini crossbody bag (迷你斜挎包)”“low ponytail with loose strands (低马尾自然散发)”。在想要达到理想效果之前，反复修改和调整关键词生成非常关键(图4-106)。

步骤6: 同样地，使用相同的关键词，建议生成多次，至少20次以上，以获得多样化的结果(图4-107)。

步骤7：加入特定年份的关键词来生成图像。添加“2024–2025 fashion trend(2024–2025时尚趋势)”，也可以尝试具有特定风格的年份，比如“1920s fashion(1920年代时尚)”或“1960s fashion(1960年代时尚)”。从生成的图像可以看到，色彩、剪裁和服装结构更符合现代审美(图4–108)。

图4-108 符合2024-2025时尚趋势的新中式服装

步骤8：在以上步骤生成的图像基础上，可以适当调整颜色和细节关键词，再次生成图像。从生成结果中可以明显感受到更强的现代感。

步骤9：从txt2img切换到img2img工具，调整已有图像。在生成的图像下方，有6个按钮，点击第四个按钮“Send image and generation parameters to img2img tab(发送图像及生成参数至img2img标签)”，这样刚才在txt2img中生成的图像就会出现在img2img标签中。接着，在prompt框中输入想要调整的方向的关键词，例如“beaded embroidery(珠饰刺绣)”“sophisticated(精致)”“earthy colors(大地色调)”，然后点击“Generate(生成)”按钮。使用这种方式，可以保持原有模型图像和服装形态，进行局部调整，达到更满意的效果。

步骤10：局部调整后的新中式服装展示(图4–109)。

图4-109 局部调整后的新中式服装

设计实践三：迷彩服装设计

内容分析：

- 研究迷彩服装设计中传统与现代元素的结合，探索如何在经典迷彩中加入新的设计灵感。
- 掌握prompt设置中不同关键词对图像效果的影响，如形态、色彩、材质和配饰等。
- 学习如何使用AI图像生成工具，在保持迷彩风格基础上，生成符合当下流行趋势的创新服装设计。

所选AI工具或平台：

- Stable Diffusion（用于图像生成的模型）
- Civitai（模型和关键词来源）
- AI图像生成软件或平台，用于实时调整和预览图像效果

图4-110 基础款式的迷彩时尚图像

图4-111 细节添加后的迷彩服

图4-112 街头风格的迷彩服

图4-113 oversized的迷彩服

案例详解

步骤1：同样如图4-98所示，点击Windows批处理文件以打开Stable Diffusion操作界面。

步骤2：为了生成迷彩风格的时尚图像，输入“camouflage fashion design(迷彩时尚设计)”“utility style(实用风格)”“functional clothing(功能性服装)”“workwear-inspired(工装风格启发)”等关键词。从生成的图像中可以看到，基础款式的迷彩时尚图像已经呈现出来(图4-110)。

步骤3：接下来，为了更加细致地改变服装的形态和装饰，在迷彩风格的关键词后面添加了“adjustable straps(可调节带子)”“zipper details(拉链细节)”“oversized fit(宽松版型)”等词汇。可以根据自己的需求对服装款式名称、面料等关键词进行替换。

使用上述prompt进行多次生成，建议至少重复20次，这样可以输出风格各异的图像(图4-111)。

步骤4：接下来尝试输入“streetwear(街头风格)”“color block design(撞色设计)”“loose and oversized(宽松肥大)”“sportwear elements(运动风元素)”等关键词。以“camouflage fashion design(迷彩时尚设计)”作为中心关键词进行各种尝试是很好的方式(图4-112)。

步骤5：从前三步生成的图像结果来看，如果对oversized效果不满意，可以给相关关键词增加权重，再次生成图像。增加权重的方法是将相关关键词用括号( )括住，并在后面用“：1~1.6”数字进行标注(图4-113)。

步骤6：在屏幕中间部分的"Generation"设置下，可以尝试更换sampling method（采样方法）或增加sampling steps（采样步数）的数值，这样可以生成更多样化的图像。

为了呈现更具青春活力感的外观，在fashion model（时尚模特）关键词后面加入了"youthful vibe（青春气息）"这个关键词（图4-114）。

步骤7：为了增添中性风格，在关键词末尾加入了"unisex fashion（中性时尚）""non-binary clothing（无性别服装）"。同时，为了让发型更具潮流感，在时尚模特相关关键词后面加入了"colorful hair clips（彩色发夹）"。

从生成的图像中可以看到，模特的发型和姿势都很好地体现了输入的关键词（图4-115）。

步骤8：为了让图像更符合当下的流行趋势，输入了"contemporary nostalgia（当代怀旧风格）""laid-back luxury（轻松奢华）"等关键词。建议通过搜索流行趋势相关网站来了解2024-2025年的时尚关键词（图4-116）。

步骤9：接下来尝试添加一些流行的时尚关键词，包括"trendy and fresh（时尚新颖）""neon accents（霓虹色点缀）""floral prints（花卉印花）"。

从生成的图像中可以看到，"floral prints"并没有很好地呈现出来。实际上，尝试在一幅图像中呈现两种以上的印花是有一定难度的（图4-117）。

步骤10：为了生成更柔和的迷彩风格图案，输入"pastel camouflage（柔和色调迷彩）"这个关键词（图4-118）。

步骤11：最后，加入了"sustainable denim fabric（可持续牛仔面料）""minimalist camo design（极简迷彩设计）"等关键词，为图像赋予更具个性的特点（图4-119）。

图4-114 更具青春气息的迷彩服

图4-115 更具潮流感的迷彩服装

图4-116 符合2024-2025年流行趋势的迷彩服装

图4-117 更具流行时尚的迷彩服装

图4-118 具有柔和色调的迷彩服装

图4-119 更具个性的迷彩服装

设计实践四：毛衣服装设计

内容分析：

以毛衣设计为主题，学生将通过Stable Diffusion WebUI平台生成与毛衣相关的AI设计图像。学习如何运用关键词调整毛衣的材质、风格、细节，并利用负面提示词优化设计中的不足之处。

所选AI工具或平台：

- Stable Diffusion WebUI
- CivitAI（参考负面提示词）
- Lora模型（毛衣细节优化）

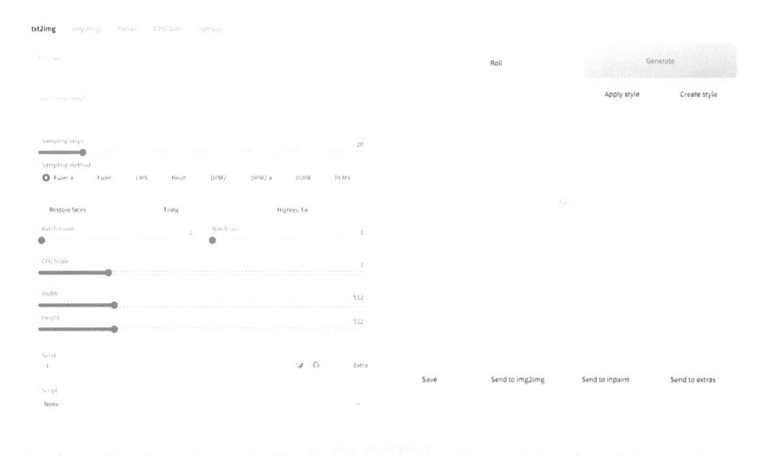

图4-120 WebUI界面

图4-121 生成毛衣的初始设计图像

图4-122 调整了材质和纹理的毛衣

案例详解

步骤1： 打开Stable Diffusion WebUI（图4-120），并选择合适的模型（如the Araminta_ev3.safetensors）。确保模型能生成质感细腻的服装图像。在生成设置中，调整Sampling steps至25～30，以获得更高质量的图像。同时，将图像宽度和高度设置为1024像素，确保细节清晰。

步骤2： 在“txt2img”栏中输入提示词（prompt），生成毛衣的初始设计图像。可以从简单的款式开始，例如“wool sweater, long sleeves, ribbed cuffs, round neckline, oversized fit”。

步骤3： 输入负面提示词，确保图像生成时避免一些不必要的细节，如“tights（紧身裤）”，以保持毛衣的简洁感(图4-121)。

步骤4： 为了调整毛衣的材质和纹理，在prompt中加入关键词：“Oversized Chunky Knit Sweater”（宽松粗针织毛衣）”“playful textures(富有趣味的纹理)”“Sunset Shades（日落色调）”。生成后可以查看这些关键词对毛衣整体设计风格和质感的影响（图4-122）。

步骤5: 这一步可以开始添加更多风格关键词，如“Medieval-Inspired style clothing（中世纪风格服装）”“Draped Silhouettes”（垂坠的廓形）”“Authenticity Over Luxury（真实感而非奢华）”，以进一步调整毛衣的整体设计风格，赋予其更多复古且独特的质感。生成后，可以查看这些关键词对毛衣整体廓形、风格和氛围的影响(图4-123)。

步骤6: 为了进一步调整毛衣的风格和色调，可以在关键词中加入“Gothic black served as its antithesis（哥特风黑色作为对比）”“Natural Shades and Textures（自然色调与质感）”。这样可以在毛衣设计中体现出自然色与哥特黑色的对比效果，探索多样的色彩搭配以及纹理质感，让生成的图像在视觉上更具冲击力和层次感（图4-124）。

步骤7: 为了进一步调整毛衣的设计细节，可以在关键词中添加“turtleneck（高领）”“crop length（短款长度）”“cable knit pattern（麻花针织纹理）”。这样可以为毛衣赋予独特的领口设计、轮廓长度以及丰富的编织纹理效果，让生成的图像呈现出更加时尚和多样化的风格(图4-125)。

步骤8: 将Sampling method更改为“DPM++ 3M SDE Exponential”，然后生成图像。由于采样方法的改变，带来了与之前不同的图像风格，生成全新的视觉效果，可以看到之前未曾体验过的毛衣设计风格（图4-126）。

图4-123 复古且质感独特的毛衣

图4-124 具有哥特风黑色特征的毛衣

图4-125 高领毛衣

图4-126 造型独特的毛衣

设计实践五：牛仔服装生成

内容分析：

- 本次课程将围绕牛仔服装设计展开，通过AI生成不同风格的牛仔服装图像，探索如何通过Prompt控制图像中的牛仔服装材质与款式细节。
- 学生将学习牛仔服装中常见的设计元素（如磨边、破洞、拼接）以及如何在AI生成图像时呈现这些特征，体现牛仔服装的独特风格。

所选AI工具或平台：

- Stable Diffusion WebUI
- CivitAI（参考负面提示词）
- Lora模型（用于优化图像细节）

案例详解

步骤1： 如图4-120所示，打开Stable Diffusion WebUI界面。

步骤2： 设定牛仔服装基础Prompt，在开始生成牛仔服装之前，首先要设定一个基础Prompt。这一Prompt将包括角色与姿态描述、服装风格、材质以及质量设置。牛仔服装基础Prompt描述为："1girl, fashion model, (full-shot: 1.6), full body, tall and slender figure, standing, legs together, 2024 fashion trend, denim jacket, jeans, casual chic style, blue denim fabric, distressed details, faded wash, silver button details, highres, photo shoot studio, best quality, realistic, 4k"（图4-127）。

步骤3： 定义牛仔款式与结构

在基础Prompt的基础上进一步描述牛仔服装的款式、剪裁与结构，突出牛仔服装的多样性与独特设计。

描述牛仔服装类型，可生成不同款式的牛仔服装，如"denim dress""overalls""denim skirt"。

突出牛仔的剪裁与结构，添加剪裁细节如"high-waisted jeans""crop jacket"，使图像生成更符合特定风格（图4-128）。

图4-127 生成基础款式的牛仔服装

图4-128 具有拉链设计的牛仔服装

步骤4： 表现牛仔服装的款式与结构

在基础Prompt中，通过加入关键词描述牛仔服装的多样款式、剪裁以及结构细节。重点强调流行的牛仔夹克和牛仔裤的不同风格，从而生成更符合潮流的牛仔服装设计。

强调牛仔夹克款式：使用关键词如"denim jacket""over-sized jacket"以及"dropped shoulders"来描述不同款式的牛仔夹克。突出廓形和设计特点，比如强调宽松的结构和垮肩设计，生成具有休闲感的夹克风格。

描绘牛仔裤的不同风格：利用关键词"jeans""high-waisted jeans"和"super-wide legs jeans"来描述牛仔裤的款式和剪裁。可以强调高腰设计，或者超宽裤腿，以体现牛仔裤的多样化结构（图4-129）。

图4-129 宽松的牛仔服装

步骤5: 添加牛仔服装的特殊款式与材质

在这一阶段，通过关键词描述牛仔服装和其他搭配服装的特殊款式、材质以及整体搭配风格，使生成的图像更贴合时尚潮流和特色设计。

引入特殊外套款式与材质：添加"oversized gray color wool material suit jacket"描述外套的风格，突出宽松剪裁的西装夹克，强调材质为灰色羊毛。与此同时，可以搭配"long length tube tops"和"black jersey tops"来展现不同风格的上衣，为牛仔服装搭配提供多样选择。

细化牛仔裤的款式与剪裁：在牛仔裤部分，强调不同的风格和廓形，通过"jeans""wide legs jeans""crop jacket"等关键词，展现高腰宽腿牛仔裤和短款牛仔夹克的多样性。

强调牛仔材质与洗水效果：为了增加牛仔面料的视觉效果，添加材质关键词"（light wash）"和"（acid wash：1.5）"。这些描述能够体现牛仔布料的颜色和处理工艺，确保图像生成时呈现清晰的洗水效果（图4-130）。

图4-130 搭配西装夹克的牛仔服装

步骤6: 重新强调牛仔夹克的设计

在这个步骤中，将内容重新聚焦到牛仔夹克上，强调其不同的风格和材质，以生成更符合潮流的牛仔夹克设计。

描述牛仔夹克的款式与风格：为了使牛仔夹克成为图像的焦点，可以在Prompt中加入关键词"denim jacket""oversized""distressed details"等，突出宽松款式和夹克的磨损细节，符合潮流风格。

调整夹克材质和洗水效果：描述牛仔材质的洗水方式，以生成不同视觉效果的夹克。加入"light wash""medium wash"等关键词，强调牛仔夹克的洗水风格，同时也可用"raw hem"来描述布料毛边的粗糙效果（图4-131）。

图4-131 具有磨损细节的牛仔服装

步骤7: 混合材质与风格元素

在这一步，将关键词加入皮革夹克与波西米亚牛仔风格的元素，结合复古20世纪90年代风格，丰富整体设计风格。

加入皮革夹克元素：在Prompt中添加"leather material jacket"，使图像中出现皮革材质夹克，为整体搭配增加材质对比，强调皮革的质感。

强调牛仔风格：为突出独特的牛仔风格，添加"bohemian denim"以展现波西米亚风格的牛仔服装特征，结合复古20世纪90年代风格，生成更具年代感的牛仔元素。

描述夹克细节：添加毛边，为夹克的设计添加"raw hem"，强调夹克的毛边粗糙效果，使图像呈现更加随性且时尚的廓形（图4-132）。

步骤8：生成整体牛仔连体衣设计（图4-133）

这一步骤将整合所有细节与元素，以生成一款完整且详细的牛仔连体衣设计，强调面料、款式、装饰、以及功能性细节。

1. 整体服装类型与剪裁

Long denim jumpsuit：表示连体衣是长款设计，并且是牛仔材质，定义了服装的基本类型。

wide fitted, knee-length, (knee-length:1.4)：强调连体衣的宽松剪裁和膝盖长度，其中加权值"1.4"是为了强调膝盖长度在图像中的优先级。

wide shoulder：描述连体衣的宽肩设计。

low-waist, low-hip：连体衣的腰部和臀部位置较低，突出低腰低臀的风格。

(over-sized:1.6)：整体服装为宽松版型，并通过加权值"1.6"加重该特征。

2. 装饰元素与材质

wide hem：描述连体衣的宽大下摆，使整体轮廓更明显。

side seam stud embellishments：在裤子的侧边接缝处有铆钉装饰，增加时尚感与细节。

Dark Blue, recycled materials, medium wash：整体服装为深蓝色牛仔布料，采用可回收材料，并带有中度洗水效果，强调可持续性与洗水特征。

3. 结构与设计细节

Straight design：连体衣的版型为直筒设计，并非紧身或喇叭样式。

Shirt-style collar：领子设计为衬衫风格，赋予连体衣一种更正式或复古的感觉。

Long sleeve with buttoned cuffs：长袖设计，袖口有纽扣闭合，为服装增加功能性。

Two patch pockets on the chest, Two side pockets, Two pockets with button on the back：连体衣拥有多个口袋设计：胸前的贴袋，侧边插袋，以及背后带纽扣的口袋，提供实用性与装饰性。

Loops, Front button closure：腰部有腰带环，前面是纽扣开合，体现连体衣的传统风格与实用功能。

4. 装饰与配件细节

metallic silver finishes：服装配件采用金属银色，可能包括纽扣、铆钉等部分，使整体更具亮点。

(flat thigh-high boots:1.2)：连体衣搭配平底及大腿靴，用加权值"1.2"强调鞋子的存在，凸显整体穿搭风格。

图4-132 更具年代感的牛仔元素

图4-133 牛仔连体衣设计

第八节

模特的生成

案例详解

步骤1： 如图4-120所示，打开Stable Diffusion WebUI界面。

步骤2： 设定基础Prompt"1girl, fashion model, tall and slender figure, standing, full body, neutral expression, white t-shirt and cotton denim jeans"，生成基础模特形象，为后续的细节和风格调整奠定基础(图4-134)。

图4-134 生成基础模特形象

步骤3： 定制模特风格(图4-135)。根据不同服装风格，调整模特的特征和气质，使其与设计理念相符。

添加关键词强调模特的高端气质，例如"high-fashion model, runway style, elegant expression, high cheekbones"。

生成运动风模特(图4-136)，需要增加关键词描述运动感和健康体态"athletic build, toned muscles, energetic posture"。

设计实践一：不同类别模特的生成

内容分析：

- 探索如何通过Prompt描述模特的基本特征，生成初始模特形象，为进一步定制做准备。
- 学习使用关键词设置不同服装风格的模特，包括高时尚风、运动风、复古风等，理解不同风格与模特特征的匹配。
- 深入了解如何通过Prompt调整模特的身体、面部、姿势、发型等特征，细化模特的形象。
- 通过生成来自不同文化与种族背景的模特，探索多样化的设计表达，学习如何用关键词呈现多元化特征。
- 学习将多种风格融合到同一模特中，并通过不断调整优化关键词细节，最终生成符合复杂设计需求的模特形象。

所选AI工具或平台：

- Stable Diffusion WebUI：用于生成基础模特形象和不同风格模特。
- CivitAI：参考模型和负面提示词，以提高图像生成的质量与风格一致性。
- Lora模型：用于优化图像细节、面部特征和姿势表现，使生成结果更符合预期。

图4-135 生成时尚模特

图4-136 生成运动风模特

图4-137 生成复古风格模特

图4-138 调整模特的身材、姿势、面部特征等细节

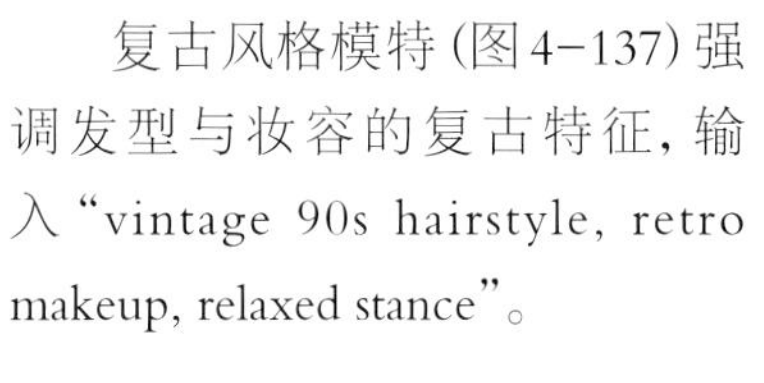

复古风格模特（图4–137）强调发型与妆容的复古特征，输入“vintage 90s hairstyle, retro makeup, relaxed stance”。

步骤4：自定义模特特征，根据设计需要，进一步调整模特的身材、姿势、面部特征等细节（图4–138）。描述模特的体型特征以匹配特定服装并输入“curvy figure, broad shoulders, long legs”。

图4-139 调整了面部表情的模特

图4-140 调整了姿势的模特形象

面部特征与表情（图4–139），展示面部细节和情绪。

姿势与动作（图4–140），定义模特的姿势以更好展示服装：“hands on hips, looking over the shoulder, walking in motion”。

图4-141 变化了发型和发色的模特形象

发型与发色（图4–141），调整发型和发色以配合整体风格：“short bob hair, brunette, styled curls”。

图4-142 生成模特（亚洲、非洲、欧洲）

步骤5: 添加文化与种族元素(图4-142)，生成来自不同文化与种族背景的模特，以展现多元化时尚。

描述种族特征，通过关键词生成不同文化背景的模特："Asian model, African descent model, Caucasian model"。

结合时尚元素(图4-143)，根据目标服装风格调整特征："natural curly hair, olive skin tone, almond-shaped eyes"。

步骤6: 风格融合与优化(图4-144)，将多种风格融合到一位模特形象中，生成与特定设计需求相符的模特形象。观察生成效果，调整关键词以改进模特特征或动作："adjust body posture, refine face details, enhance lighting effects"。

图4-143 更具时尚感的模特

图4-144 细节优化后的模特

设计实践二：成衣换模特

本节中将使用img2img的inpaint技术对现有服装照片进行模特替换和调整，特别是针对更改模特的种族、姿势或特征。这个流程将帮助我们学会如何高效地将服装应用到不同模特上，从而更好地展示服装的多样性和风格适配性。

内容分析：

· 本节课程将围绕服装图像的模特替换展开，通过inpaint工具对模特的面部、体型、姿势等进行定制化替换，保留服装细节不变。学员将学会在服装设计图像中，合理选择并替换模特以更好地体现服装风格。整个过程将涉及基础图像的准备、inpaint区域的设定、Prompt描述的编写以及参数的优化，最终实现多样化的服装搭配效果。

所选AI工具或平台：

· Stable Diffusion WebUI（图像生成与处理）

· img2img inpaint工具（选择、替换模特图像中的特定区域，进行替换生成）

· ADetailer功能（优化模特的面部与身体细节，使替换效果更加自然、精细）。

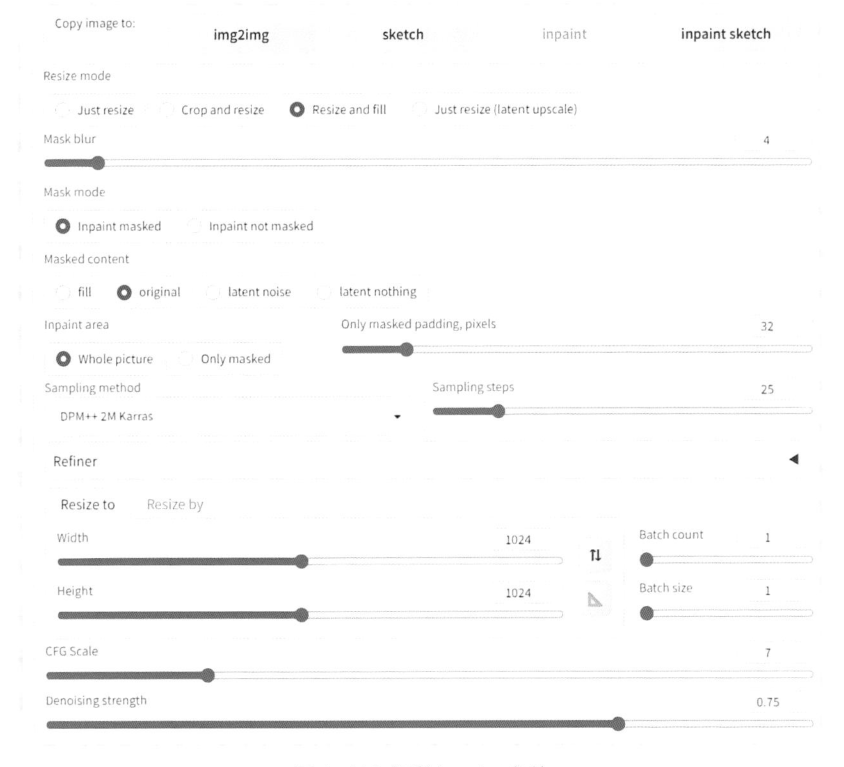

图4-146 调整inpaint参数

案例详解

步骤1： 如图4-120所示打开Stable Diffusion WebUI界面。

步骤2： 准备图像，选择一张已经生成或拍摄好的服装图像(图4-145)，确保服装的细节清晰、适合进行模特替换。确定需要替换或调整的模特区域，例如面部、身材、姿势或特定的种族特征。需要在img2img工具中圈定或标记出替换区域。

图4-145 选择服装图像

步骤3： 使用img2img inpaint技术，在img2img工具中，使用inpaint功能对想要替换的部分进行涂抹，确保替换区域完整覆盖模特的面部或身体部位，同时不影响服装部分的完整性。在inpaint模式下，输入新的Prompt描述你希望替换的模特特征。例如，将西方模特换成亚洲模特时，可以输入以下Prompt：Asian female model, neutral expression, long black hair。在保持服装风格和姿态不变的情况下，系统会对模特部分进行替换。

步骤4： 调整inpaint参数(图4-146)，设定较高的采样步数(sampling steps)，如25~30，以提高图像质量，确保细节清晰度。为了确保生成的模特面部与服装效果更精细，可以启用ADetailer功能，强化面部和身体细节。调整inpaint的边缘柔和度，使替换区域与原始图像自然融合，避免生硬过渡。

如不希望背景发生变化，可以在Prompt中明确设定“white background”或“keep background unchanged”等关键词，以确保背景完整保留。通过这些参数设定，可以确保生成的替换区域自然、完整，并且细节处理精致。

步骤5： 使用inpaint工具进行涂抹(图4-147)，在img2img模式中，启用inpaint功能。该功能允许对现有图像中的某一部分进行涂抹标记，从而只替换选定区域的内容。

(1) 手动涂抹标记区域：仔细选择修改区域，使用鼠标或触控板在图像中涂抹需要替换的部分。例如，如果想要更换模特的面部或发型，就在这部分区域上进行涂抹；如果想要更改模特的种族或体型，就涂抹身体的相关区域。

(2) 涂抹的边缘要均匀：确保涂抹的边缘光滑，且选区面积稍微超出修改区域，这样生成后的图像会更自然。

(3) 保持服装和背景完整：涂抹时要小心，尽量避免涂到服装或背景区域，以确保替换后服装和背景保持不变，只有模特的特定部分得到调整。

(4) 确认涂抹完成：确认已经涂抹了需要替换的区域，覆盖全面后，才进行生成操作。

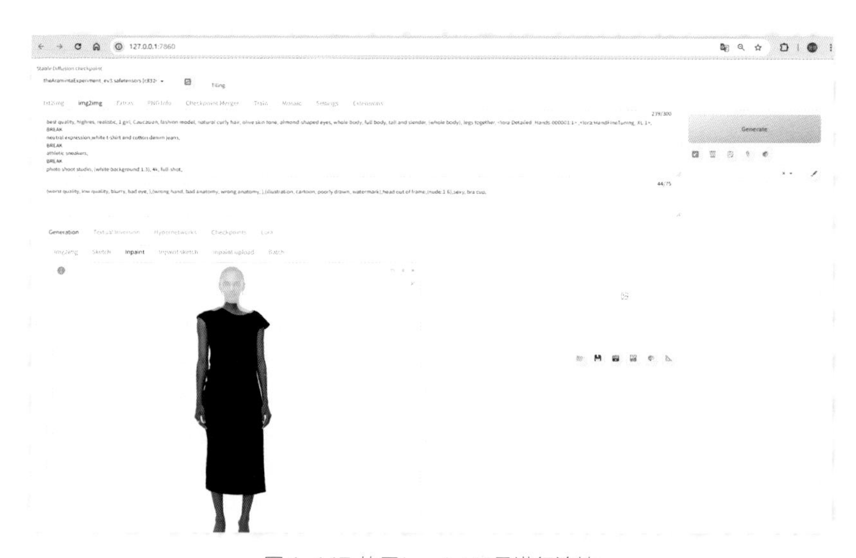

图4-147 使用inpaint工具进行涂抹

步骤6： 生成与调整(图4-148)，点击“Generate”按钮生成初始结果，观察替换后的效果。如发现生成效果不符合预期，可调整Prompt或inpaint参数进行微调，确保替换的模特与服装风格相匹配。

图4-148 服装不变，变换模特形象

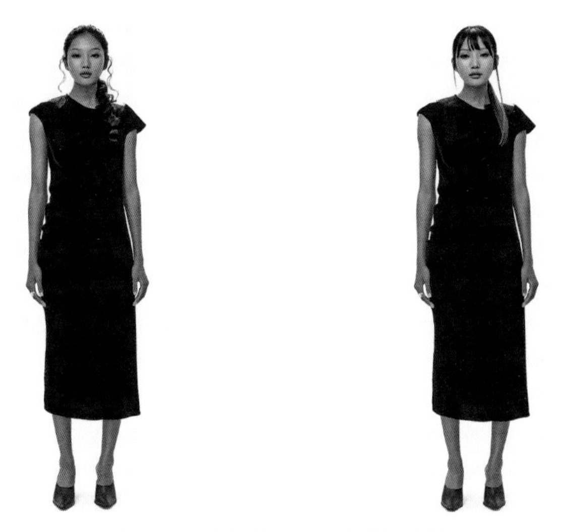

图4-149 服装不变，变换模特发型

图4-150 生成带有非洲裔特征的模特

步骤7： 风格融合与优化(图4-149)。通过Prompt添加模特的特征，使其更符合设计风格。首先，设定短黑发(short black hair)让模特形象更干练，强调长脖颈(long neck)带来优雅感，再用烟熏妆(Smokey Makeup)突出眼部深邃，增添时尚气息。为了融合这些新特征，启用ADetailer优化面部细节，调整inpaint参数以确保发型和妆容与原图自然融合。生成后，观察效果并微调Prompt，直到模特形象与服装风格完美契合。

步骤8： 扩展inpaint区域与更换模特种族(图4-150)，在这一步骤中将进一步扩展inpaint工具的应用范围，将修改区域从面部扩展到手部，以更全面地调整模特特征。通过调整Prompt，将模特的种族更改为"非洲裔"，使模特形象更符合多元化的设计需求。使用inpaint工具，进一步涂抹模特的手部区域，确保在生成新模特时手部与面部特征能够协调一致，实现完整的风格转换。

将关键词调整为"African descent fashion model"以明确指定模特的种族特征，使AI生成带有非洲裔特征的模特。生成新的模特图像后，检查面部和手部特征的转换效果，确保肤色、面部特征与整体服装风格协调一致。根据效果调整Prompt，直到生成的非洲裔模特自然且符合预期设计目标。

设计实践三：模特换服装

内容分析：

- 了解如何在AI工具中使用inpaint划定替换区域，确保服装部分的涂抹准确无误，为后续替换提供基础。
- 通过随机与指定风格的Prompt编写，探索多种服装款式的生成方法，了解不同关键词对生成效果的影响。
- 在生成服装替换效果后，观察图像效果并微调Prompt与参数，确保颜色、材质和款式符合预期，达到完美的服装展示。

所选AI工具或平台：

- Stable Diffusion WebUI（图像生成与服装替换的主要平台）
- img2img inpaint工具（用于划定服装区域，进行部分涂抹与替换操作）
- Prompt描述编辑器（编写服装风格、材质、颜色的详细描述，确保生成结果符合设计需求）

案例详解

这一部分将延续“设计实践二”中使用过的图像，利用inpaint工具针对服装区域进行涂抹处理，通过Prompt来改变模特的穿着风格。关键在于保持模特的形象固定不变，只替换服装，以呈现不同风格的穿搭效果。

步骤1：如图4-120所示打开Stable Diffusion WebUI界面。

步骤2：确定inpaint区域，使用inpaint工具，仔细涂抹模特身上的服装区域(例如上衣、裤子、裙子等)，确保只覆盖服装部分，而不影响模特的面部、手部和姿势等其他区域(图4-151、图4-152)。

图4-151 使用inpaint工具，涂抹模特身上的服装区域

图4-152 变换了服装的模特

图4-153 模特服装变换为晚礼服

图4-154 模特不变，服装变换为T恤与牛仔裤

图4-155 模特不变，服装变换为西装套装

图4-156 模特不变，服装变换为休闲套装

步骤3：添加Prompt描述，如随机风格Prompt，首先可以尝试输入随机的时尚风格，生成多样化的服装效果，例如“A black velvet midi dress with cape sleeves, a high embellished neckline, and a sheer chest cut-out, paired with sleek knee-high black leather boots for a bold, elegant look”（图4-153、图4-154）。

步骤4：指定风格Prompt指用具体的关键词描述想要生成的特定服装风格(图4-155)，例如“business formal suit”。

步骤5：为服装添加颜色与材质细节(图4-156)，进一步丰富服装的风格描述，在Prompt中加入关于服装颜色、材质的关键词，使生成的服装不仅在款式上有所变化，而且在色彩和质感上更加多样化，贴合具体的设计需求。

第九节

AI配饰设计

设计实践一：鞋靴造型创作

内容分析：

- 通过不同Prompt尝试生成各种风格鞋靴，如未来感运动鞋、复古跑鞋、奢华高跟鞋和摇滚风切尔西靴，培养学生对多样风格的理解与掌握。
- 通过Prompt的材质和细节描述，了解如何在设计中融入不同材料（如皮革、麂皮、金属、环保材质等）以及细节（如鞋扣、铆钉、绑带等）以丰富设计效果。
- 通过多次调整Prompt与Negative Prompt，进行设计效果的优化，学会如何灵活运用Prompt调整细节，从而生成符合设计目标的高质量鞋靴图像。

所选AI工具或平台：

- Stable Diffusion WebUI（生成不同风格的鞋靴设计图像，支持自定义Prompt与Negative Prompt，提供高分辨率效果）
- CivitAI（参考并查找负面Prompt的在线资源，了解不同关键词对图像生成的影响）
- Lora模型（优化图像中的细节表现，确保鞋靴设计的清晰度与精确度）

案例详解

步骤1：如图4-120所示打开Stable Diffusion WebUI界面。

步骤2：基本Prompt的设置为生成的鞋靴奠定基础，确保高质量且易于调整。

Prompt: Men's Sneakers, Individual object, a computer rendering, simple background, octane render, morphyrichards {masterpiece}, {best quality}, highres, 8k, wlop, stunning, much detail

Negative prompt: low quality, watermark, ugly, tiling, poorly drawn hands, poorly drawn feet, poorly drawn face, out of frame, extra limbs, body out of frame, blurry, bad anatomy, blurred, watermark, grainy, signature, cut off, draft, closed eyes, text, logo

此Prompt注重细节清晰度、背景简洁以及高分辨率效果，Negative Prompt用于排除不必要的图像元素，使设计更干净(图4-157)。

图4-157 生成鞋子图像

步骤3: 未来感高帮运动鞋，尝试不同风格的高帮运动鞋，展现未来感。该Prompt强调未来感、现代设计以及舒适感，为生成时尚潮流运动鞋提供指导。

Prompt: high-top sneakers, sleek and streamlined design, futuristic look, metallic silver and black accents, neoprene and leather mix, thick cushioned sole, Velcro straps and zipper closure, reflective elements, sporty and bold, urban streetwear style (图4-158)。

图4-158 生成高帮运动鞋

步骤4: 复古跑鞋(Retro Running Sneakers)，复古风格的低帮跑鞋，捕捉20世纪80年代风格。该Prompt聚焦于柔和的复古色彩、轻便结构，以及舒适休闲的设计。

Prompt: low-cut running sneakers, vintage 80s inspired, soft suede and mesh materials, pastel blue and yellow colorway, lightweight foam midsole, rubber outsole with textured grip, lace-up closure, sporty and casual, retro aesthetic, comfort-focused design (图4-159)。

图4-159 生成复古跑鞋

步骤5: 极简环保运动鞋(Minimalist Eco-Friendly Sneakers)，展现极简与环保理念的运动鞋设计。该Prompt强调环保材料、简约设计，旨在体现轻便、可持续且舒适的运动鞋风格。

Prompt: low-top sneakers, sustainable materials, minimalist and eco-conscious design, organic cotton upper, recycled rubber sole, natural white and earthy brown tones, slip-on style with elastic band, breathable and lightweight, understated elegance, focus on comfort and simplicity (图4-160)。

图4-160 生成极简环保运动鞋

步骤6: 基本高跟鞋Prompt的设定，生成高质量高跟鞋设计。与运动鞋的Prompt类似，确保生成的高跟鞋细节完美、画面干净，且有良好的画质。

Prompt:Women's High Heels, Individual object, a computer rendering, simple background, octane render, morphyrichards {masterpiece}, {best quality}, highres, 8k, wlop, stunning, much detail (图4-161)。

图4-161 生成基础高跟鞋

步骤7：优雅精致的高跟鞋设计，Prompt描述了优雅的高跟鞋细节，例如高跟、亮面皮革和纤细的脚踝绑带。

Prompt: women's high heels, individual object, (stiletto high heels, pointed toe, glossy leather finish, ankle strap with buckle, 10cm heel height, elegant and sleek design, pastel pink color, luxury evening wear), a computer rendering, simple background, octane render, morphyrichards {masterpiece}, {best quality}, highres, 8k, wlop, stunning, much detail (图4-162)。

步骤8：复古玛丽珍鞋(Vintage Mary Jane Heels)，通过描述中跟、高光漆皮、复古颜色等，展示玛丽珍鞋的典雅与舒适风格。

Prompt: mid-heel Mary Jane shoes, 7cm block heel, rounded toe, glossy patent leather, double straps with buckle closure, vintage 60s style, soft pastel pink and cream color palette, comfortable and elegant, retro-inspired, suitable for casual and formal occasions (图4-163)。

图4-162 生成优雅的细高跟高跟鞋

图4-163 生成复古玛丽珍鞋

步骤9：奢华晚宴高跟鞋(Luxury Evening Stilettos)，适合晚宴风格，加入更多奢华细节，例如金色光泽、宝石装饰和丝绒内衬，体现晚宴高跟鞋的高贵与精致。

Prompt: stiletto high heels, 12cm thin heel, pointed toe, gold metallic finish, crystal-embellished straps, ankle wrap design, elegant and glamorous, red velvet insole, luxury evening wear, reflective and shimmering (图4-164)。

图4-164 生成奢华晚宴高跟鞋

步骤10：现代雕塑高跟鞋(Modern Sculptural Heels)，呈现独特的现代艺术风格高跟鞋。强调现代艺术风格的高跟鞋设计，包括几何跟、透明材质、非对称绑带等细节。

Prompt：contemporary sculptural high heels, 10cm geometric block heel, asymmetrical straps, square open toe, clear acrylic and leather mix, artistic and avant-garde, black and transparent color combination, minimalistic and bold, fashion-forward and statement-making design(图4-165)。

图4-165 生成现代雕塑高跟鞋

步骤11：切尔西靴(Chelsea Boots)与不同风格融合，通过不同的颜色、材质、装饰细节，生成多样风格的切尔西靴，强调不同风格的时尚特点。

经典切尔西靴(Classic Chelsea Boots) Prompt：classic chelsea boots, black suede leather, elastic side panels, round toe, low block heel, slip-on style, versatile and timeless design, suitable for both casual and formal looks(图4-166)。

图4-166 生成经典切尔西靴

经典绅士切尔西靴(Classic Gentleman Chelsea Boots) Prompt: classic chelsea boots, polished brown leather, almond-shaped toe, slim fit ankle, low stacked heel, elastic side panels, leather sole, elegant and timeless design, sleek silhouette, suitable for both formal and casual wear(图4-167)。

图4-167 生成经典绅士切尔西靴

摇滚风切尔西靴(Rock-Style Chelsea Boots) Prompt: black leather chelsea boots, chunky rubber sole, silver studded embellishments along the side panels, pointed toe, sleek and edgy design, high gloss finish, pull-tab at the back, rock and roll inspired, ankle length, strong and bold appearance(图4-168)。

图4-168 生成摇滚风切尔西靴

设计实践二：帽饰搭配

内容分析：

· 根据帽饰类型、材质和颜色设定基础Prompt，为后续的图像生成奠定基础。

· 生成帽饰设计图像，观察效果并进行材质、装饰的进一步调整。

· 通过添加特定关键词，使帽饰的整体形态、边缘细节和刺绣装饰更符合特定设计风格。

所选AI工具或平台：

· Stable Diffusion WebUI（通过材质和形态描述生成不同风格的帽饰设计图像）

· CivitAI（参考负面提示词，以确保生成图像时排除不需要的效果或细节）

案例详解

步骤1：如图4–120所示打开Stable Diffusion WebUI界面。

步骤2：设定基础Prompt，确定帽饰的基本风格、材质和颜色，以生成初步设计图像。

（1）定义帽饰类型与风格：根据想要生成的帽饰类型来设定，例如：宽檐帽（wide–brim hat）、贝雷帽（beret）、棒球帽（baseball cap）。

（2）描述帽饰的材质：选择适合帽饰的材料，并将其添加到Prompt中，如羊毛（wool）、棉布（cotton）、皮革（leather）、稻草（straw）。

（3）选择帽饰的颜色与装饰：描述色彩与装饰以丰富设计，如"black leather hat with gold chain embellishment"或"pastel blue cotton cap with embroidery"。

Prompt：Women's hat, Individual object, wide–brim hat, wool, black and gold, with gold chain embellishment, a computer rendering, simple background, octane render, morphyrichards {masterpiece}, {best quality}, highres, 8k, wlop, stunning, much detail（图4–169）。

（4）更改宽檐帽材质：在设计帽饰时，将宽檐帽的材质由"羊毛（wool）"更改为"皮革（leather）"，赋予帽饰更加光滑、富有光泽感的质地，体现不同风格效果（图4–170）。

宽檐帽的材质由原先的"皮革（leather）"更改为"稻草（straw）"，赋予帽饰更加轻盈、休闲且适合夏日风格的外观效果（图4–171）。

图4–169 生成基础帽子

图4–170 生成皮革材质的宽檐帽

图4–171 生成稻草材质的宽檐帽

(5) 将原先的“宽檐帽”更改为“棒球帽(baseball cap)”，使帽饰呈现出更加休闲、运动或街头风格，适用于日常和运动场景(图4-172)。

图4-172 生成棒球帽

(6) 将原先的“宽檐帽”更改为“礼帽(fedora hat)”，这种款式能够带来更正式、绅士或优雅的风格，适用于复古或时尚搭配(图4-173)。

图4-173 生成礼帽

步骤3: 为了增添细节与装饰效果，可以在礼帽的帽檐上增加蕾丝饰边(lace trimming)，这种改动可以使礼帽更加精致且富有女性化或浪漫风格(图4-174)。

图4-174 生成蕾丝边礼帽

为了增加优雅与时尚感，可以在礼帽的帽檐上添加缎带装饰(ribbon)，使礼帽呈现更加精致且有造型感的风格(图4-175)。

图4-175 生成缎带装饰帽

为了增加独特和高贵的风格，可以在礼帽的帽檐或帽带处添加羽毛饰边(feather trimming)，为礼帽增添一丝复古与奢华感(图4-176)。

图4-176 生成复古风格礼帽

步骤4：形态变形与风格调整，生成初步稻草钟形帽图像后，可以通过以下过程对帽子的形态进行更进一步的变形，使其外观更具设计感或符合特定风格。

图4-177 生成的帽子帽顶更高

1. 调整帽子的整体形状

如果希望帽子的形态发生变化，可以在Prompt中加入对帽顶和帽檐形状的描述，例如帽檐更宽、更弯曲或帽顶更高、更扁(tall crown)(图4-177)。

2. 增加独特的边缘设计

对帽檐的边缘进行更多变形，使磨损感更强烈或呈现不同风格(wild frayed edges, uneven brim)(图4-178)。

3. 局部变形与特殊设计

添加特殊设计，使帽子在某一部分有特征性变化，如帽顶的装饰或帽檐的局部卷曲(twisted brim corner, knotted ribbon detail on crown, layered straw texture)(图4-179)。

4. 增加刺绣装饰与细节

为了让帽子的设计更加丰富，可以在帽檐或帽顶部分加入花卉等细节装饰，进一步强调帽子的特色(delicate floral embroidery on brim edge, geometric embroidered patterns on crown, bohemian stitched detailing)(图4-180)。

图4-178 边缘具有磨损感的帽子

图4-179 生成帽檐局部卷曲的帽子

图4-180 具有花卉装饰的复古帽

装饰色彩：用对比色或渐变色的刺绣线，使帽子更具视觉吸引力(contrasting thread colors, gradient embroidery, metallic thread accents)，加强刺绣质感与层次(图4-181)。

刺绣层次：为了让刺绣看起来更立体，可以强调线条的层次感(3D embroidery effect, layered stitching)(图4-182)。

精致与细腻：强调刺绣的细节，让其呈现出精美且手工感强烈的效果(fine detailed embroidery, delicate hand-stitched patterns)(图4-183)。

图4-181 生成局部橙色装饰的帽子

图4-182 生成立体装饰的帽子

图4-183 帽子刺绣

设计实践三：箱包生成

内容分析：

- 通过生成不同类型的箱包（如手提包、背包、腰包等），探索其基础风格和结构特点，尝试多样的设计风格，满足不同场景和人群需求。
- 在设计中关注箱包的材质（如皮革、帆布、尼龙等）与颜色搭配，添加适当的装饰细节（如流苏、刺绣、链条等），以提高箱包的视觉吸引力和实用功能。
- 在设计中加入创意思维，尝试新颖材质、独特形状、多功能设计以及文化融合等，提升箱包的独特性和市场竞争力。

所选AI工具或平台：

- Stable Diffusion WebUI（生成箱包设计的初步图像，并通过Prompt设定详细参数与风格）
- CivitAI（负面提示词参考，确保生成图像中的形态和细节符合设计预期）
- Lora模型（优化箱包设计图像的细节，使成品更加真实和精细）

案例详解

步骤1：如图4-120所示打开Stable Diffusion WebUI界面。

步骤2：设定基础Prompt探索多样风格，生成基础款式的箱包，尝试不同类型与风格的设计。

1.确定箱包类型

首先选择想要设计的箱包类型，如手提包(handbag)、腰包(fanny pack)、托特包(tote bag)、背包(backpack)或手拿包(clutch)。将类型添加到Prompt中，以明确设计目标。Prompt：“Handbag, sleek design, casual style, high quality”(图4-184)。

2.定义箱包风格

根据设计目标选择箱包的风格关键词，如优雅(elegant)、休闲(casual)、商务(business)、街头风(streetwear)等。确保生成的箱包符合特定场景或目标人群的需求。Prompt：“Backpack, urban style, functional design, trendy look”(图4-185)。

图4-184 生成基础包

图4-185 双肩包

增加基本的功能描述，如拉链口袋（zippered pockets）、外侧隔层（external compartments）、调节带子（adjustable straps）等，使设计兼具实用性与美观。Prompt："Tote bag, large size, with zip closure and adjustable shoulder straps"（图4-186）。

图4-186 拉链装饰包

步骤3：设定材质与细节装饰，通过Prompt添加箱包的材质、颜色与细节装饰，丰富设计风格。

选择适合箱包风格的材质，例如皮革（leather）、帆布（canvas）、尼龙（nylon）、麂皮（suede）等。材质不仅影响箱包的外观风格，也影响其实用性和质感。Prompt："Leather shoulder bag, soft and supple, with gold hardware"（图4-187）。

选择颜色与纹理：添加颜色描述，如黑色（black）、棕色（brown）、米色（beige）、深蓝色（navy blue）。也可以加入颜色渐变（gradient）、印花图案（printed）等效果，让箱包更具视觉吸引力。Prompt："Canvas back-pack, khaki color, with vintage washed effect"（图4-188）。

细节装饰与特色元素：根据设计需求，加入细节装饰，如流苏（tassels）、金属铆钉（metal studs）、刺绣（embroidery）、链条（chain straps）等，为箱包增添亮点，展现个性化设计风格。Prompt："Suede clutch, with fringe tassel detail, bohemian style"（图4-189）。

图4-187 皮质包

步骤4：优化结构与功能设计，通过Prompt优化箱包的实用功能与结构设计，使之满足特定需求。

考虑箱包的结构与实用性：添加拉链（zipper closure）、磁扣（magnetic clasp）、搭扣（buckle fastener）等元素，确保箱包便于使用和开合。Prompt："Laptop bag, padded compartment for device protection, zipper closure, detachable shoulder strap"（图4-190）。

图4-188 帆布背包

图4-189 流苏包

图4-190 笔记本包

描述口袋与隔层设计：强调箱包的收纳空间，如内置口袋（internal pockets）、外侧袋（external pockets）、独立隔层（separate compartments）等，为箱包增添实用功能。Prompt："Backpack with multiple compartments, inner zippered pocket, side water bottle holder"（图4-191）。

带子与背带的设计：考虑箱包的佩戴方式，描述手柄（handle）、肩带（shoulder strap）、背带（back strap）的长度、宽度和可调节性，确保箱包设计符合不同场合和用途。Prompt："Crossbody bag, with wide adjustable strap for comfort, gold chain detail"（图4-192）。

保持设计协调与一致性：在添加功能性细节时，保持箱包设计风格的一致性，不要让功能元素影响箱包的整体风格。确保装饰细节与箱包的材质、颜色协调一致，呈现出整体美感。Prompt："Tote bag, minimalist design, monochrome, with hidden magnetic closure for sleek finish"（图4-193）。

图4-191 背包

步骤5：探索创意与创新设计，尝试突破传统风格，加入创意元素，让箱包设计更加独特与新颖。

引入非传统材质：选择少见或新颖的材质，如透明PVC（transparent PVC）、竹编（bamboo weave）、金属材质（metallic materials）、回收材料（recycled materials）等，赋予箱包更具创意的外观与功能。Prompt："Transparent PVC tote bag with metallic silver edges, futuristic design"（图4-194）。

运用独特的造型与结构：设计箱包时可以尝试非传统形状，如几何形（geometric shapes）、扇形（fan shape）、月牙形（crescent shape）、球形（round shape）等，为箱包增添新颖独特的视觉效果。Prompt："Round crossbody bag with concentric circle pattern, asymmetrical flap closure"（图4-195）。

图4-192 挎包

图4-194 PVC包

图4-195 同心圆包

图4-193 手提袋

图4-196 腰包

大胆运用色彩与图案：在设计中尝试大胆的色彩组合与图案搭配，如霓虹色调(neon colors)、撞色(color blocking)、插画图案(illustrative prints)、涂鸦风格(graffiti style)等，体现年轻活力或艺术气息。Prompt："Neon green and pink fanny pack with graffiti-style graphics, urban streetwear look"(图4-196)。

图4-197 手提袋

尝试多功能性与可转化性：在设计中引入多功能元素，让箱包具备不同用途。例如，将手提包与背包结合，加入可拆卸的肩带；或者设计可折叠、可转换的包型，以增强箱包的实用性与灵活性。Prompt："Convertible backpack-tote bag, detachable straps, foldable into clutch size"(图4-197)。

增添互动与动态装饰：设计一些互动或可移动的装饰元素，如可拆卸配件(detachable accessories)、流苏随风摆动(swinging tassels)、可以随意组合的徽章(mix-and-match patches)等，使箱包更具玩味性和个性化。Prompt："Leather handbag with detachable keychain accessories, adjustable color panels, playful and customizable design"(图4-198)。

考虑特殊用途与目标人群：为特定用途或目标人群设计独特的箱包，如亲子包(mommy bag)、运动健身包(gym bag)、旅行探险包(adventure bag)等，结合功能需求与风格特点，让设计更具针对性和创意性。Prompt："Adventure backpack with waterproof materials, built-in solar charger, rugged and durable for outdoor use"(图4-199)。

融合文化与传统元素：在设计中加入文化元素或传统手工艺，如民族刺绣(ethnic embroidery)、手工编织(hand weaving)、古典纹样(vintage motifs)，赋予箱包更深层的文化内涵与独特设计感。Prompt："Handwoven straw tote with ethnic embroidery patterns, natural bohemian style"(图4-200)。

图4-198 皮革手袋

图4-199 旅行背包

图4-200 手工编织手提袋

设计实践四：珠宝首饰

内容分析：

- 通过AI工具探索不同风格和功能的珠宝首饰设计，例如奢华风、极简风、复古风、现代风等，确保首饰设计符合特定场合和搭配需求。
- 学习设定珠宝的材质（如黄金、白银、铂金、树脂）和色彩搭配，以及增添装饰细节（如雕刻、镶嵌宝石、纹理）来突出独特风格。
- 在设计过程中注重首饰的功能性，如可调节长度、可拆卸配件、佩戴舒适性等，使生成的首饰既具有美感，又满足实用需求。

所选AI工具或平台：

- Stable Diffusion WebUI（生成初步首饰设计，通过调整Prompt设定来得到不同风格的首饰图像）
- CivitAI（参考Prompt设定及调整生成细节）
- Lora模型（对设计细节进行优化，使首饰图像在形状、材质和宝石细节上更加精致）

案例详解

步骤1：如图4-120所示打开Stable Diffusion WebUI界面。

步骤2：设定基础Prompt探索珠宝类型与风格，通过基础Prompt生成多样风格的珠宝首饰。

1.确定珠宝类型

首先，选择要设计的珠宝首饰类型，如项链(necklace)、戒指(ring)、手镯(bracelet)、耳环(earrings)等。在Prompt中清晰表明，以确保生成的首饰符合目标。Prompt："Elegant necklace with a pendant, classic design, minimalist style"(图4-201)。

2.描述珠宝风格

根据目标设计选择首饰的风格关键词，如奢华(luxury)、现代(modern)、复古(vintage)、简约(minimalist)。确保生成图像中珠宝的风格符合特定场合或设计理念。Prompt："Vintage ring with intricate details, floral motif, baroque style"(图4-202)。

3.设定宝石与材质

选择首饰的主要材质(如黄金、白银、铂金)以及宝石(如钻石、祖母绿、红宝石、珍珠)，并描述它们的颜色和切割样式。Prompt："Gold bracelet with emerald stones, polished finish, elegant and delicate"(图4-203)。

图4-201 吊坠项链

图4-202 复古戒指

图4-203 翡翠金手镯

步骤3：调整珠宝材质与宝石细节

1.材质选择与纹理表现

在Prompt中描述首饰的材质与表面纹理，例如选择黄金(gold)、玫瑰金(rose gold)、白银(silver)、铂金(platinum)等，并加入细节描述(磨砂、抛光或哑光)。Prompt："gold earrings with matte finish, subtle texture"(图4-204)。

2.宝石切割与颜色

指定宝石的类型、颜色与切割方式，以丰富设计中的色彩与细节。Prompt："Ring with a cushion-cut sapphire, surrounded by small diamonds, deep blue color"(图4-205)。

3.细节装饰与设计风格

根据设计风格，加入雕刻(engraving)、纹理(texture)或镶嵌(inlay)的细节，使珠宝更有层次感与特色。Prompt："Silver pendant necklace with engraved geometric patterns, art deco style"(图4-206)。

图4-204 金色耳环

图4-205 宝蓝色戒指

图4-206 银吊坠项链

步骤4：注重珠宝的功能与佩戴方式

1.选择佩戴方式

描述首饰的佩戴位置和方式，如长项链(long necklace)、开口手镯(open bangle)、耳钉(stud earrings)、吊坠戒指(pendant ring)等，确保设计符合实际佩戴的需求。Prompt："Choker necklace, adjustable length, sleek and stylish"(图4-207)。

2.功能细节描述

强调首饰的功能设计与实用性元素，例如可调节性、可拆卸装饰、多功能配件等，使设计不仅仅注重外观，还满足实际需求。Prompt："Bracelet with detachable charm pendants, adjustable chain for perfect fit"(图4-208)。

3.匹配服装与风格建议

在Prompt中加入首饰的搭配风格，描述它适合搭配的服装或场合，如"Evening gown accessory""Casual everyday wear"，以便设计更具目标性和实用性。Prompt："Elegant drop earrings for evening wear, with sparkling crystals"(图4-209)。

图4-207 项链

图4-208 可拆卸手镯

图4-209 耳环

步骤5: 优化与创新首饰设计

1.引入创新材质

选择非传统材质,如树脂(resin)、珐琅(enamel)、透明玻璃(clear glass)、再生金属(recycled metal)等,为设计增加新意与独特感。Prompt:"Glass ring with encapsulated dried flowers, transparent and delicate"(图4-210)。

图4-210 干花戒指

2.运用大胆色彩与图案

尝试鲜艳的色彩组合或独特图案,如渐变色调(gradient colors)、插画风格(illustrative patterns)、异域风格(ethnic motifs)等,为设计增添独特的视觉效果。Prompt:"Multicolored gemstone bracelet with bohemian-style beads, vibrant and playful"(图4-211)。

图4-211 彩色宝石手镯

3.文化融合与传统风格

在设计中加入传统文化元素或古典设计风格,如东方雕花(oriental engravings)、西式巴洛克(baroque details)、印第安风格(tribal patterns)等,赋予珠宝更深层次的文化意涵。Prompt:"Gold cuff bracelet with engraved oriental lotus patterns, traditional yet modern"(图4-212)。

图4-212 袖口手镯

步骤6: 生成与调整

生成初始设计后,观察效果并通过调整Prompt完善设计。

Prompt:"Delicate gold necklace with a teardrop diamond pendant, minimalist design, shiny finish, elegant and classic style"。

生成结果:这将会生成一条金色项链,带有一颗小水滴形钻石的吊坠,风格简单优雅(图4-213)。

根据初始效果,调整Prompt中的材质、宝石、颜色、细节等,以更好地符合设计目标,如更改材质与宝石。

Prompt:"Rose gold necklace with a pear-shaped pink sapphire pendant, subtle matte finish, delicate and feminine style"。

调整效果:将材质从黄金换成玫瑰金,宝石从钻石改为粉色蓝宝石,并调整为哑光质感,增强女性化风格(图4-214)。

图4-213 宝石金项链1

图4-214 宝石金项链2

添加装饰细节，Prompt：“Sterling silver bracelet with intricate engraved floral patterns, polished finish, with small diamond accents, elegant vintage style”。增加了银手镯的雕花细节和抛光效果，同时加入了小钻石装饰，凸显复古风格(图4-215)。

改变颜色与形状，Prompt：“Yellow gold hoop earrings with emerald teardrop charms, large hoops, polished and glossy finish, bold and statement-making”。调整效果：将耳环设计成大圈状，并加入绿宝石水滴吊饰，呈现出更加亮眼和富有存在感的设计(图4-216)。

注意：在每次调整时，请观察生成的图像效果，并针对不符合期望的部分做出具体的描述调整。

图4-215 纯银手镯

图4-216 宝石耳环

小结：

通过本章的学习，我们全面掌握了从服装主题企划到设计作品呈现的完整流程。课程不仅深入讲解了服装图案设计、AI智能色彩搭配、款式线稿生成与变换等关键技术，还介绍了AI自动推款、多样服装风格演绎、模特生成及配饰设计等前沿应用。这一系列实践不仅提升了我们的设计效率与创新能力，也让我们深刻体会到AI技术在服装设计领域的巨大潜力与广阔前景。

思考题

1. 在AI服装图案设计中，如何平衡传统图案元素与现代审美趋势？
2. AI智能色彩搭配在服装设计中的应用，如何确保色彩组合的和谐性与独特性？
3. 在AI辅助的款式线稿生成与变换过程中，如何保持设计的原创性与创新性？

练习题

练习题一 · 服装主题企划与图案设计

1. 使用AI设计软件，以“民族风”为主题，生成一张融合不同民族文化元素的服装主题企划图。
2. 尝试结合不同的色彩搭配方案，如“温暖大地色系”或“鲜明对比色”，观察色彩对图案设计整体氛围的影响。

练习题二 · AI智能色彩搭配与款式变换

1. 选取一款基础款式的连衣裙线稿，使用AI色彩搭配工具，输入“莫兰迪色系”和“2025春夏流行趋势”作为关键词，生成符合当季流行色的色彩搭配方案。
2. 在色彩搭配的基础上，利用AI款式变换功能，尝试将连衣裙的款式变换为“A字裙”或“露肩款”，并观察款式变化对整体设计的影响。

练习题三 · 多样服装风格的演绎与模特生成

1. 选择一种民族服装风格，使用AI设计软件生成一张具有该风格的服装效果图。
2. 调整关键词，加入“现代时尚”元素，将服装风格进行融合与演绎，生成一张既保留原有风格特色又融入现代元素的服装效果图。
3. 使用AI模特生成功能，根据服装风格选择合适的模特形象，将服装效果图与模特进行结合，呈现出完整的服装展示效果。

练习题四 · AI配饰设计

1. 以“极简风珠宝”为主题，使用AI设计软件生成一系列简约而精致的珠宝设计草图。
2. 选择其中一款设计，添加“玫瑰金”或“哑光黑”等材质提示词，观察材质变化对珠宝设计的影响，并确定最终设计。

问题讨论

1. 在AI服装图案设计中，如何通过优化输入指令或参数设置，使生成的图案更加符合设计师的创意意图，并保持图案的连贯性与美感？
2. 在AI智能色彩搭配过程中，如何结合品牌DNA、季节趋势与消费者偏好，实现色彩组合的创新与差异化？
3. 面对AI技术的快速发展，时尚设计师应如何平衡手工设计与AI生成设计的关系，以创造更具创新性和个性化的作品？

第五章　服装品牌AI设计案例

学习目标　1. 通过本章案例学习，学生应能够全面了解女装、男装、童装、高级定制服装、内衣、运动服装、箱包、鞋靴等多品类服装品牌中AI技术的具体应用，理解AI如何赋能服装设计与创新。

2. 分析AI在服装品牌设计中的价值，学生能够分析并总结AI技术在提升服装设计效率、优化用户体验、增强品牌竞争力等方面的价值，为未来服装设计与品牌发展提供参考。

学习任务　1. 选取本章中的两个服装品牌AI设计案例进行深入研究，分析AI技术在该品牌设计中的应用方式、效果及优势，并撰写案例分析报告。

2. 对比不同服装品类（如女装与男装、箱包与鞋靴等）中AI设计的应用差异与共同点，探讨AI技术如何适应不同服装品类的设计需求。

第一节

女装品牌中的AI应用案例

一、G-Star品牌

G-Star品牌于1989年由荷兰籍的JOS VAN TILBURG创立。1992年国际著名的牛仔专家PIERRE MORISSER（德国LEE）加盟G-Star，并担任首席设计师一职。PIERRE MORISSER在国际休闲服设计上享有盛名，除知识渊博外，他还创意无限，为G-Star服装设计上加注了不少创新的理念，并令G-Star在世界服装品牌中建立了鲜明的形象。

要认识G-Star可从其“原粗坯丹宁布”开始，即以丹宁为核心，采用古拙法来制作牛仔裤。1996年G-Star首次推出该系列，并在德国举行的国际牛仔时装展中获得高度赞赏，被誉为是牛仔裤设计的重大突破。G-Star目前不仅生产各式牛仔裤，从“原粗坯丹宁布”出发的概念贯穿于其他街头风格的服装设计中，在世界各大城市的服装店都可以找到G-Star的踪迹。与北美以及日韩休闲服的宽松潮流不同，欧洲的休闲服讲究适意与优雅。来自荷兰的G-Star设计前卫独特，最能勾画出年轻人活力动感，街头风格强烈。

G-Star品牌推出了由Midjourney设计的牛仔系列——G-Star Raw，囊括斗篷、外套等12种披风式设计，并计划在安特卫普门店展示。品牌首席营销官Gwenda van Vliet强调了创新在G-Star DNA中的重要性，虽然任何人都可以使用AI进行设计，但G-Star Raw拥有将这些设计制作成真实服装的工艺，并把AI技术作为增强而非取代创意过程。G-Star Raw的人工智能设计牛仔系列，顺应了人工智能技术渗透时尚行业的浪潮。

虽然运用AI平台对时尚界来说还是个新鲜事物，但一些公司已经开始拥抱它们。例如，2023年12月

图5-1 G-Star AI创作服装

Midjourney为Pantone 2023年度彩通色彩Viva Magenta打造了沉浸式的视觉体验；人工智能设计的系列也是G-Star Raw 2024的第一个重大举措（图5-1）。

图5-2所示披肩采用优质原坯牛仔布制作，袖子上有3D的“G”形状，腰带可调节，胸前有精细的缝合图案，左内侧有微妙的G-Star商标，展示了G-Star的牛仔专业设计和精湛的制作工艺。这件服装将新时代技术与G-Star的标志性设计美学相结合，作为一件独一无二的定制品，它是G-Star的人类工匠精湛技艺与现代科技的完美结合。

二、TOP FAVOR品牌

TOP FAVOR成立于2021年11月，是一家基于大数据和人工智能，整合创造AI设计、AI营销、AI供应链和AI柔性智造的“潮玩服装”品牌（图5-3）。品牌主张每件衣服都有自己的故事，把“潮玩”穿在身上，每件衣服上都有玩偶的设计思路，形成独特的风格，让“潮玩”和服装发生碰撞，促进父母、孩子及朋友间的正向互动，形成了品牌独特的风格。彼时，AI应用潮流远不及当下高涨，但创始人吴孙乐坚信人工智能一定能推动全球服装产业的变革，于是创建了TOP FAVOR。

图5-2 G-Star披肩

图5-3 “潮玩服装”

随着AI技术的大规模运用，各行业都迎来了新一轮的变革浪潮，尤其是在消费品行业，如服装、珠宝、时尚配件等品类，通过AI赋能设计能够实现更加个性化和创新性的产品，同时还可以缩短产品设计周期，帮助品牌更快出款。

TOP FAVOR已经在服装制造上实现了AI的深度参与，涵盖设计、营销、供应链以及柔性智造等各个环节。通过AI对大数据分析指导设计，实现柔性制造，使产品更贴近消费者，而不是千篇一律的模式。

TOP FAVOR产品尺码覆盖135~175cm，精准面向8~18岁的青少年细分市场的同时，也可覆盖到潮妈市场，打造亲子装。公开数据显示，中国青少年服装市场2020—2025年均复合增长率高达15.47%，青少年人均服装消费金额年复合增速13.78%，预计到2025年市场规模高达4700亿元。现有的青少年服装品牌数量繁多，而头部品牌稀少；同时，随着90后、95后逐渐成为父母，这一代人已由服装的功能性需求转向对其美观、时尚、社交等多方面的追求，个性化、多元化的消费时代到来，而AI技术的运用就是TOP FAVOR的解题思路。

在设计环节，通过AI对海量信息库中的元素从几十个维度进行分析，包括面料、款式、颜色、风格、流行趋势、设计趋势等，摆脱了传统设计中设计师水平参差不齐、创意枯竭、趋势预判失误、宗教文化冲突等很多主观因素，使得产品更精准贴近消费者需求。创始人吴孙乐透露，基于AI技术，服装不仅能够加速完成设计，还可以实现面料的真实呈现，像网纱裙在不同风力下的飘拂状态都能逼真还原。

在制造环节，TOP FAVOR运用AI技术的柔性制造，将传统“以产定销”的模式改为“以销定产”。在设计上，衣服会遵循三个主要参数，包括玩趣性、奢侈感（面料）、市场化，然后再将这三个参数拆解为几十个纬度，假如某几个维度构成的衣服销量不好，在接下来的产品开发设计中会去规避这些东西，同时会对畅销衣服的维度进行提炼，并应用到新产品开发中，加大爆款概率。

在营销上，AI可以实时测算全网同类产品的销售情况，主动输出营销策略，实时跟踪用户和市场的趋势走向。在供应链上，AI能够实时分析供需和价格走势，对采购及备料进行智能化管理，在数据框架下构建出基于面辅料、工艺、生产的最佳组合。

在价格方面，TOP FAVOR的客单价从最早的1 500元左右已降至现在的700元上下。吴孙乐透露，创立早期为了打造知名度，品牌渠道多集中在线下买手店，经过一段用户积累后，现在TOP FAVOR已将这些线下买手渠道砍掉，主做全渠道直营，直接让利给用户，对价格进行了全面调整。

在时尚领域，多品牌模式几乎是每一家服装企业的重要战略手段，以此扩大市场规模，避免过度依赖单一品牌。无论是高端服装集团，还是像快时尚品牌H&M、ZARA，无一不是如此。去年，TOP FAVOR也在多品牌扩展模式上进行了尝试，伴随新一轮融资，子品牌建设也有望迎来新进展。按照吴孙乐的设想，未来TOP FAVOR会通过自创或收购来建立起自己的品牌矩阵，然后通过AI技术去赋能这些品牌，实现商业成果的最大化。

据了解，TOP FAVOR秋冬系列新品已经实现AI参与（图5-4），服装款型由AI服装数字设计师和TOP FAVOR共同创作。

TOP FAVOR核心团队来自人工智能、服装、汽车等领域，在AI、品牌运营、服装设计、服装供应链等方面有着多年经验，使“潮玩”“IP孵化”等设计理念、AI技术图谱的运用变为现实。

图5-4 TOP FAVOR 秋冬系列新品

第二节

男装品牌中的AI应用案例

一、MSGM品牌

MSGM是由意大利设计师Massimo Giorgetti于2008年创立的品牌，品牌以充满玩味的方式将传统款式重新演绎。MSGM将各式日常服装以醒目印花图案实现随心愉悦的搭配，专注鲜艳亮色、前卫印花与有趣廓形，令爱玩的年轻人疯狂。

MSGM 2024 Fall系列围绕米兰地铁60周年推出了一系列类似周边的产品（图5-5），创意总监Massimo Giorgetti此次将时装秀场搬到米兰地铁站Porta Venezia，以“速度”为题，通过鲜艳色彩、印花、亮片等元素来呈现世界运转的速度。当城市的风景在速度中飞驰而过，人们记忆中的底片会是什么样的？本季他还与Google开展合作，利用Pixel 8手机的摄像头生成了印花，即基于人工智能捕捉到大都市的独家图像：全速前进的地铁列车照片。将人类活动与人工智能相互融合，呈现绚烂多姿的城市生活方式。

二、 Balmain品牌

Balmain（巴尔曼）是来自法国巴黎的奢侈品牌，由知名时装设计师Pierre Balmain 创立于1945年，以高订时装、成衣、配饰及香水著称，二战后与Cristobal Balenciaga、Christian Dior 并称为时装屋“三巨头”。Balmain品牌为好莱坞名流和各国王公贵族设计过服装，一众巨星都曾身着其服装闪耀于红毯或舞台，诸多享誉全球的艺人也在作品中表达过对它的喜爱。精湛的制作工艺、精妙的衍缝皮革、细致入微的刺绣、复杂交错的编织、技巧娴熟的褶裥以及丰富细密的针脚，都是Balmain品牌的独到之处。此外，Balmain品牌在全世界约有220家许可销售商，已成为举世公认的时尚标志。

Balmain 2024秋冬男装秀上，创意总监Olivier Rousteing再次展现高水准创作。Balmain 24秋冬系列简直是极繁主义的狂欢，这是在疫情后打造的第一场完整男装秀，部分设计是以自己被嘲笑的唇形为启发做的印花，从衬衫、廓形夹克到手镯、鞋——也是对八卦的讽刺一吻（图5-6）。而这些嘴

图5-5 MSGM 2024 Fall系列

图5-6 巴尔曼（Balmain）2024秋冬男装

和眼睛不属于任何人，是AI生成的，让人眼前一亮，简直是科技与艺术的完美结合。

第三节

童装品牌中的AI应用案例

巴拉巴拉品牌

巴拉巴拉（Balabala）是中国森马集团于2002年创建的童装品牌，产品全面覆盖0~14岁儿童的服装、鞋品、生活家居、出行等品类，是国内儿童时尚生活方式品牌。

巴拉巴拉注重消费者购物体验，通过一站式的产品、空间、情感体验等，持续为新生代家庭创造专业时尚的产品体验，输出品牌价值，致力于成为消费者首选的儿童时尚生活方式品牌。

AIGC飓风正起，Loft3Di趁势设立了AI团队，专注于“AI换装”技术的研究，在持续优化算法的同时，也在积极与众多服装品牌接洽，共同推动“AI换装”技术的商业化进程。

2023年7月，Loft3Di与森马集团进行了首次接洽。由于AI换装是一项新兴技术，尚未大规模投入商用，缺乏商业案例和信任背书，合作初期面临诸多挑战。

不过，经过前期严格的测试与合作，公司最终于2023年底，与森马旗下的童装品牌Balabala、Minibala成功签订了合作协议。

截至2024年，Loft3Di全资子公司入迷AI团队已向合作品牌交付了超1300张AI模特图，其中已有大量图片代替“实拍模特图”投放于线上店铺。与此同时，森马旗下的成人服装品牌舒库（SHUKU）也表达了对AI换装技术浓厚的兴趣。

随着与森马集团合作的逐步推进与深入，入迷AI团队结合AI换装的实际应用场景，对原有解决方案进行了迭代与创新。据核心工程师透露，未来AI换装的效果将会随算法的优化更加逼真、自然。

入迷AI团队结合森马集团AI换装的实际应用场景，基于服装实拍图、人台图、平铺图，提供AI模特图整体制作方案（图5-7），元素不限模特长相、姿势、种族、年龄；不限服装类型、款式；不限场景。方案还可以根据客户的特殊定制需求，提供AI模特形象定制、模特图换款、换色，支持自由定制模特形象，可随心切换模特图的服装款式及颜色。

在携手推进“AI换装”商业化应用的同时，Loft3Di还为森马集团提供了3D渲染、动画等定制服务，助力其实现营销内容升级。

图5-7 Balabala淘宝店铺AI设计款式

第四节

高级定制服装品牌中的AI应用案例

CHENPENG品牌

品牌创始人兼设计总监陈鹏2015年研究生毕业于伦敦艺术大学伦敦时装学院男装设计专业，同年保送英国皇家艺术学院学习男女装设计，曾就职于Christian Dior/Harrods/Gareth Pugh等国际品牌。陈鹏还入选2017H&M全球设计师大奖赛总决赛8强，被评为2017年福布斯30岁以下创业青年。陈鹏2020年获得年度亚洲十佳设计师称号，2021年4月获得“2021年度YU PRIZE创意大奖赛”全球总决赛冠军，并获得100万人民币现金奖励，参与过北京冬奥会服装设计。

陈鹏的同名品牌CHENPENG提倡“平均时尚主义”，通过对胖瘦两种体型人群的研究，突出个人特点，设计出适合大众的服装。品牌核心品类是羽绒服，“平均时尚主义”成为了品牌自身的标志，让品牌更具独特性和辨识度。CHENPENG的每个系列都拥有很强的戏剧张力，标志性的廓形结合羽绒品类的优势，创作出具有鲜明品牌特色和个人风格的作品。

CHENPENG携手AI数字工作室FAR-OFF STUDIO推出2023数字服装胶囊系列（图5-8）。系列延续巴黎时装周CHENPENG提出的“高定羽绒礼服”概念，以现代浪漫为创意出发点，采用羽绒材料填充高级时装的视觉效果，融合圆形、茧形、五角星、玫瑰花等品牌经典标志性元素。整个系列以黑色为主色调，在AI技术的支持下展现出未来材料与工艺美学，用不同材质的视觉表达演绎数字世界的无限可能。

第五节

内衣服装品牌中的AI应用案例

一、Aliqua品牌

在意大利博洛尼亚大学高级产品设计专业的研究项目中，一项名为“Aliqua”的课题备受瞩目。该项目以实现受众利益最大化为核心目标。项目负责人为设计师Tea Vignoli，她拥有博洛尼亚大学颁发的高级设计硕士学位以及工业和产品设计学士学位。

图5-8 CHENPENG携手AI数字工作室推出2023数字服装胶囊系列

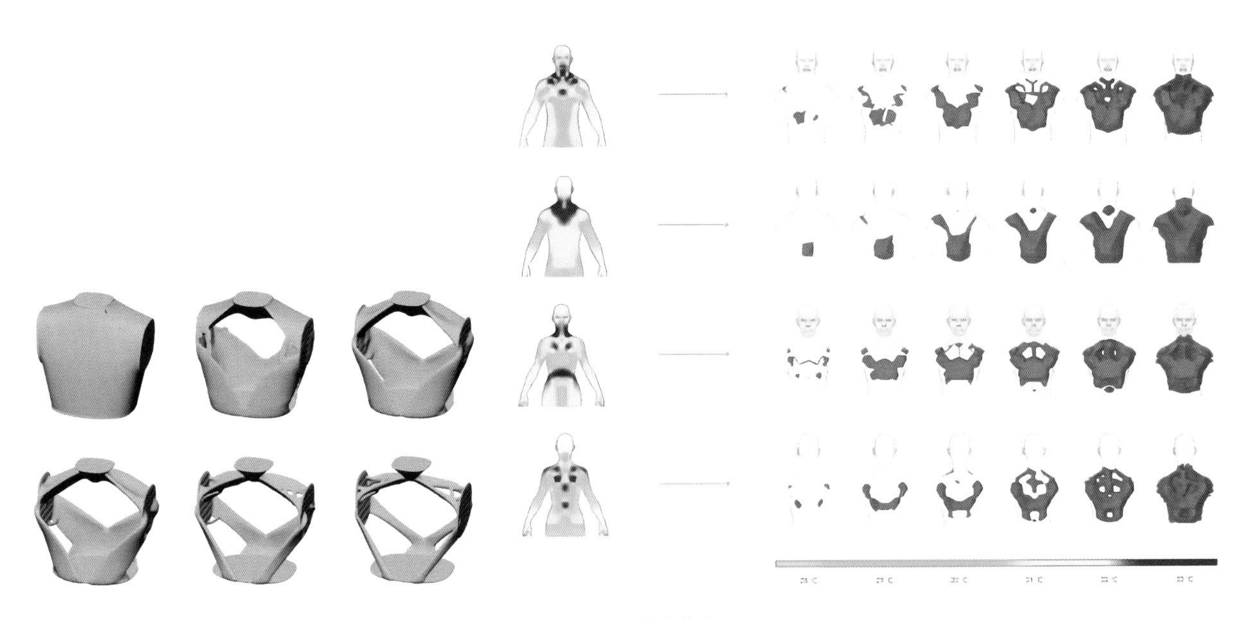

图5-9 Aliqua水合背心

Aliqua品牌开发的一款水合背心，是针对单次跑步需要一到两升水的中长跑运动员。当然，这不是一个新的设备类别，但传统的保湿背心有很多缺陷，单个水囊的位置往往靠近身体散发最多热量的地方，让背心很快失去凉爽，要么太紧而不舒服（图5-9）。

AI人工智能擅长在短时间内处理大量数据，这一点即使是最聪明的人类也相形见绌。品牌通过AI计算设计使用从数百个来源收集的数据，来确定水容器和吸管的最佳形状和位置，以最大限度地减少来自身体和环境的热量影响。例如，水囊被分成两部分，并远离背部中央最热的区域。它还设计了穿孔图案的想法，使背心更加透气和舒适，即使在走动时也是如此（图5-10）。

AI完成数据分析后，创作过程并没有结束，设计师需要将好的结果与不可用的结果区分开来，还必须添加细节并选择材料。这个项目最大的成就不仅仅是生产出更高效、更舒适的水袋背心，而且展

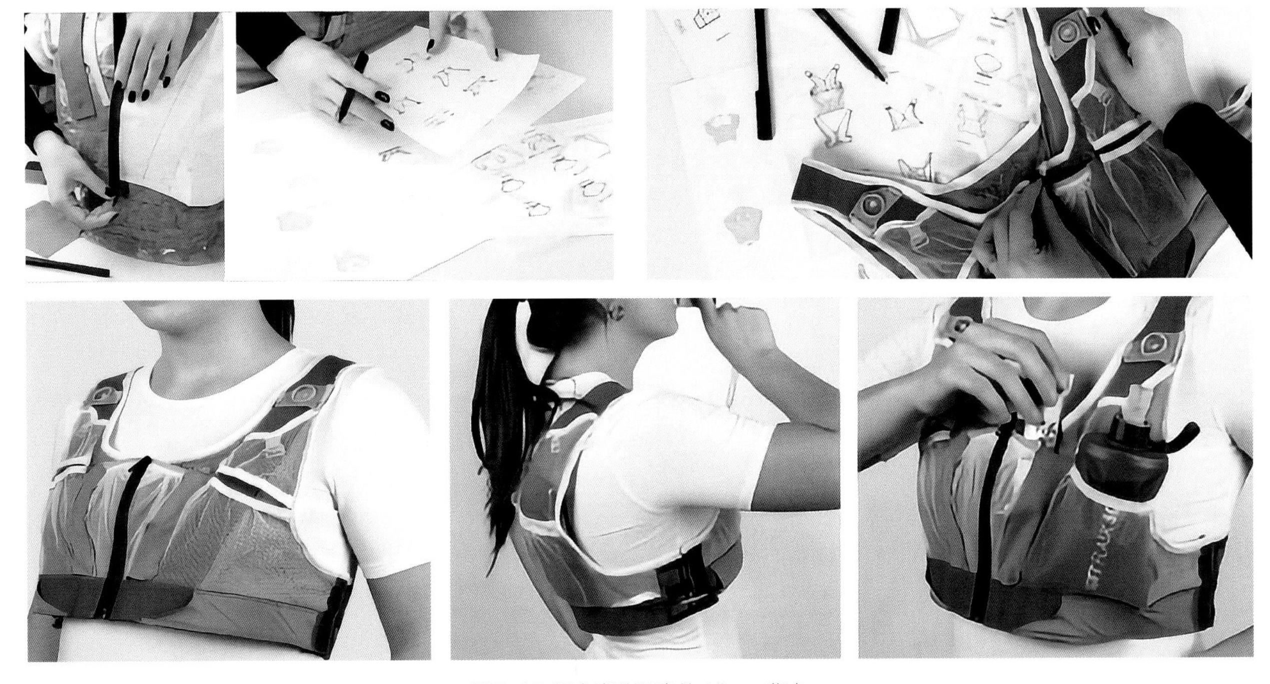

图5-10 具有穿孔图案的Aliqua背心

示了人工智能在设计中有效使用的创意过程，同时也凸显设计师需要发挥的关键作用，合力才能生产出可用、优雅，并且设计精良的产品。

二、蕉内品牌

蕉内（Bananain）是三立人（深圳）科技有限公司注册的服装品牌，创立于2016年。该品牌主张通过体感科技重新设计基本款，主要经营内衣、袜子、防晒和家居服等生活基本款。蕉内注重产品的体感技术，以满足不同场景下的需求为目标。蕉内拥有多品类柔性供应链能力与自主研发能力，并在全球范围内拥有多项体感技术专利。自2016年推出第一件“Tagless无标签内衣”以来，蕉内陆续孵化出“不掉跟妥妥袜”“凉皮-℃防晒系列”“热皮+℃保暖系列”“确定杯Bra”等体感科技产品。

蕉内的品牌定位是追求高品质、注重生活体验。无论是产品设计还是材料选择，都展现出了对品质的极致追求。蕉内通过不断改善材质、结构、功能，以满足用户对舒适和品质的需求。此外，蕉内还积极参与社会公益和环保行动，树立了良好的品牌形象。

2022年，蕉内与知衣科技达成合作，建立起用数据洞察趋势、捕捉消费者痛点、抢滩细分品类新赛道的开发路径，以此重塑内衣家居服行业新标准。

蕉内的两个创始人都是设计师出身，对完美和用户体验的习惯性追求让他们决心做出改变，就从拿掉内衣上让人刺痒的标签开始。很快，在公司创立的第8个月，蕉内于业内率先提出了“无感内衣”的概念，并独创了Tagless无感标签技术，采用零化学刺激的材料，直接将内衣成分、尺码等标签信息印在面料上。这一让人“舒服”的创新直击消费者的心理共鸣与消费动因，并在男性内裤市场空白区成功拿下一城。

基于“无感”的设计思路，品牌延伸出同样带有肤感体验的“体感科技”，并打出“重新设计基本款”的口号，以每年2~3个品类的速度，从内衣扩充至袜子、文胸、家居服等（图5-11）。正如蕉内“从一而终”以洞察痛点为重点的差异化产品开发路线一样，品牌在拓展新品类时，建立了在全面了解品类趋势的基础之上规划品类设计优化的方向。

图5-11 蕉内“体感科技”产品

借助“知衣”的“行业洞察”功能，品牌可在数据赋能下从全局洞察品类趋势，包含周、月的销量、销售额、上新数的同比，皆可通过可视化图表来掌握动态变化。

距蕉内2016年创立至今不过8年，回顾其在行业内外的增长速度，与产品设计始终洞察行业趋势、猛抓消费者痛点密不可分。正如品牌名为“蕉内”，意为聚焦于内，聚焦于设计，聚焦于用户体验。而不论是“无感内衣”还是“体感科技”，蕉内通过品牌的洞察力以及借助AI技术的分析力引领了行业的新方向，用自己的“重新定义基本款”理念，重新定义了市场，定义了新式内衣家居服的新标准。

第六节

箱包品牌中的AI应用案例

一、丽明珠品牌

丽明珠（La PEARL）箱包皮具有限公司成立于1993年，有着三十多年的悠久历史，地处广东省江门市，毗邻中国香港与澳门地区，交通十分便利。2008年公司竣工并启用的新厂房规模宏大，占地面积66600平方米，有着现代化高标准的厂房及完善的生产配套设备；拥有100余名专业QC及设计开发人员，1000多名工人，15条先进生产线，不断有款式新颖、工艺精湛的新产品供客户甄选。公司以敬业、务实、品质、创新为四大企业信条，秉承规范化、制度化、人性化和谐统一的经营理念，在科学的管理体系推动下，经过十五年的商海搏击，作为旅行物品国际协会（TGA）会员的丽明珠，已在世界旅行用品市场享有良好的声誉和口碑。

2024年5月6日，第135届广交会刚刚在广州落下帷幕，这场汇聚全球目光的国际贸易盛会不仅展示了中国外贸的新动能，更是“中国智造”实力的一次集中展示。在此次盛会上，一款由“进化智能”AI科技公司设计的首款由AI设计的行李箱成为焦点，吸引了国际市场的广泛关注。

“进化智能”作为一家聚焦于“人工智能”和“设计创新”的科技公司，利用其AI多模态模型矩阵——Design GPT，成功为头部箱包厂商丽明珠在短短7天内打造了数百款行李箱的爆款设计方案。经过精心挑选，最终有13款由AI设计的行李箱在广交会上展出，并迅速吸引众多采购商的目光（图5-12）。这次AI设计的13款行李箱不仅款式多样，而且设计新颖，充分展现了AI设计在提升效率和创新能力方面的巨大潜力。与丽明珠过去三年采纳的设计方案相比，本次AI设计方案在数量上超过了过去三年的总采纳方案，而且交付效率提升了2000%，这一成就在设计领域堪称革命性突破。

丽明珠对“进化智能”的AI设计服务给予了高度评价，并在广交会的展区内专门设立了展示区，介绍“进化智能”的公司背景以及展示AI设计的行李箱款式。这些设计吸引了来自俄罗斯、沙特阿拉伯、阿拉伯联合酋长国、美国、英国、德国、法国、日本等数十个国家的客户咨询，并成功达成了500多个意向订单。“进化智能”的AI设计行李箱在广交会上的成功展出（图5-13），不仅彰显了“中国智造”的硬实力，更是中国制造业向智能化转型的一个缩影。随着AI技术在设计领域的深入应用，我们有理由相信，未来将有更多创新产品从中国走向世界，为全球消费者带来更多惊喜。

二、Paatiff品牌

“Futuristic Old Soul”是Paatiff参与“AI时装周”所设计的系列作品。“AI时装周”由人工智能创意

图5-12 丽明珠与“进化智能”合作行李箱产品

图5-13“进化智能”AI设计行李箱

图5-14 Paatiff的“Futuristic Old Soul”系列包袋

机构Maison Meta主办，全球首个时装周已经落幕，聚集了约400名参加者，他们提交了各式各样不同风格与概念的服装系列。

Maison Meta创办人Cyril Foiret表示这次与会者中有大约70%的人使用了可根据文字生成图像的Midjourney来设计服装。而这些参与AI时装周的作品将由用户共同票选出前3名，这3名获奖者将得到Maison Meta的帮助，落地生产其参赛服装系列，未来平台也会持续帮助设计师成立自有品牌。

Paatiff的“Futuristic Old Soul”系列采用了一种独特的时尚设计方法，探索了经典造型的比例、形状和材料，并赋予其光鲜的未来主义色彩。该品牌成功地将不同的时代结合起来，创造出面向永恒的作品，用各种材料制造出意想不到的层次。透明度是这个系列的一个关键元素，让皮肤作为一个对比色，突出了包袋的特点（图5-14）。

Paatiff对材料技术的创新在用在这个系列中也很明显。可持续和耐用的材料结合了塑料的光泽外观和Gore-Tex的保护性和透气性，创造出既时尚又持久的包袋。

第七节

鞋靴品牌中的AI应用案例

一、Nike品牌

Nike（耐克）是全球著名的体育运动品牌，总部位于美国俄勒冈州波特兰市。Nike的产品线包括服装、鞋类、运动器材等多个领域，以其创新的技术和设计理念在体育用品界占据领先地位。Nike的商标图案是一个小钩子，象征着希腊胜利女神Nike，旨在激励全世界的运动员，为他们提供最好的产品。

耐克公司由威廉·杰伊·鲍尔曼和菲利普·H·奈特于1964年创立，最初从事鞋类、服装、装备、配饰产品的设计、开发和营销。随着时间的推移，Nike的销售范围扩展到运动服装、运动包及相关饰品，并提供带有大学和专业运动队以及联赛标识的服装。此外，Nike还经销一系列高性能运动装备，包括提包、短袜、运动球类、眼镜、计时器、电子设备、球拍、手套、防护设备等。Nike还提供泳装、脚踏车服、儿童服装、学习用品、眼镜、高尔夫用具和腰带的生产和销售许可。公司在美国拥有18个销售办事处，以及14个销售高尔夫专业用品的独立销售代表处。Nike的产品创新包括首创的气垫技术，这项技术为体育界带来了一场革命，能够很好地保护运动员的膝盖，减少剧烈运动中脚落地时冲击力对膝盖的影响。此外，Nike还与苹果公司合作，共同推出Apple Watch产品。Nike的品牌理念是“Bring inspiration and innovation to every athlete in the world”，即激发全世界的每一位运动员的潜能，通过提供创新的产品和技术，让每个人都能享受到运动的乐趣并取得优异的成绩。

Nike On Air巴黎站，由AI设计的NBA超新星文班亚马“原型鞋”引发热议，让人回想起90s Air科技带来的震撼（图5-15）。

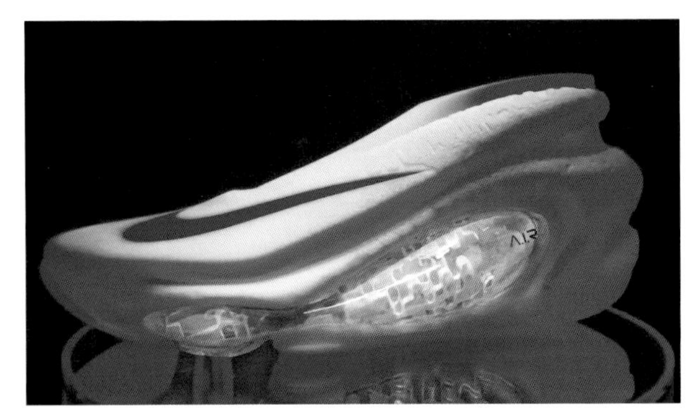

图5-15 Nike维克多·文班亚马“原型鞋”

这款鞋履以白、橙主导的先锋外观，被形容成“彗星穿过云层”，这种“科幻美学”也迅速在社媒引发热议。它正是Nike最尖端项目“Athlete Imagine”中最新的设计，这是耐克与13名运动员共同合作的AI运动鞋，涵盖四项运动：田径、足球、篮球和网球。在设计过程中，他们询问了这13名运动员一些问题，例如是否喜欢人工智能设计，运动鞋风格是保守的还是狂野的，是整体设计还是由单个组件、整体或分形定义的东西。采访中还了解了激发他们灵感的人、地点和事物，以及概念运动鞋如何展示他们作为运动员的身份。AI深度学习运动员们的运动方式、生活习惯，乃至时尚、影音、游戏方面的喜好，让鞋履像运动员的“指纹”般贴合而独特。

Nike On Air巴黎站展示了13款AI运动鞋的原型，它们半透明和硬化的3D打印材料在紫外线的照射下发光，使热橙色的配色像烧制玻璃一样燃烧得更亮（图5-16）。

Nike首席执行官John Hoke对项目寄予厚望，希望它将Nike On Air背后的科幻美学带到新高度。Hoke同时也表示，如今的“Athlete Imagine”项目仍然处于疯狂、实验性的阶段，成本昂贵，且美学概念超前，原型鞋均暂不市售。

“Athlete Imagine”项目产品结合顶级球鞋工业人才与AI技术，向鞋迷们展示球鞋技术“不远处的

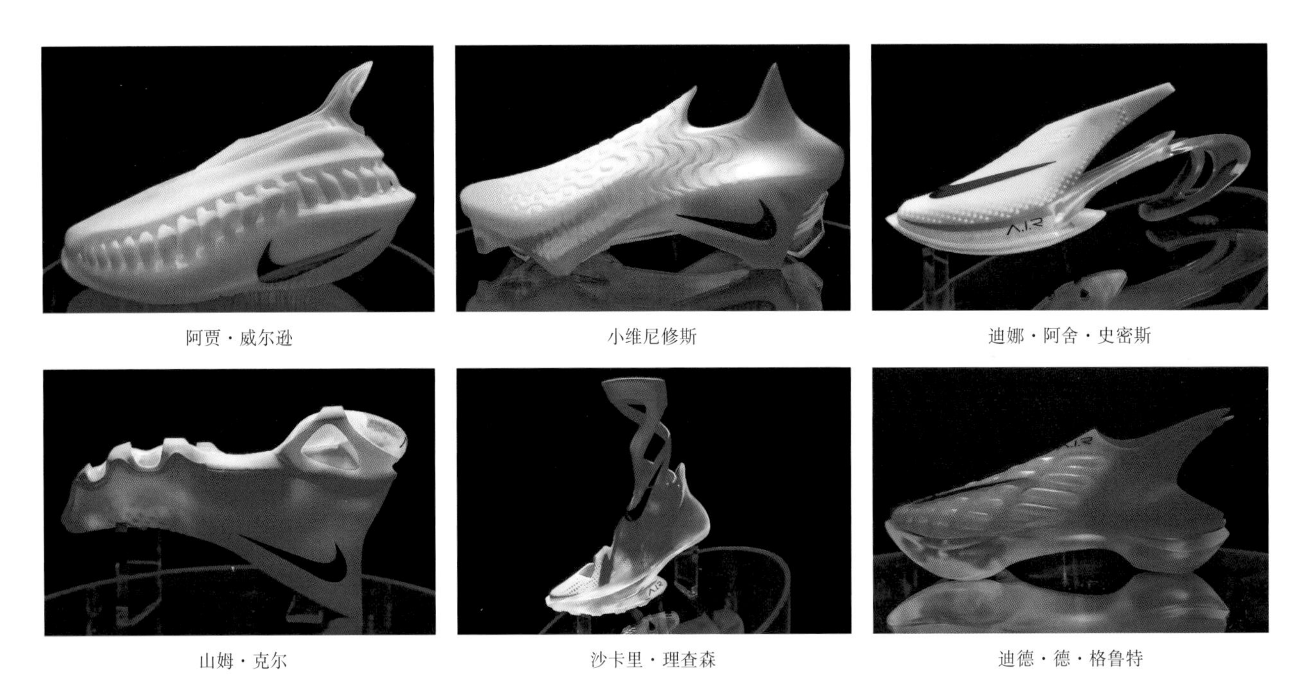

图5-16 Nike On Air巴黎站AI运动鞋原型

图5-17 Nike借用AI设计的“郑钦文”原型鞋

图5-18 Unicorn鞋款

未来”。AI设计运动鞋在社交媒体已屡见不鲜，但大多数显然离实际应用太远，Nike“Athlete Imagine”要克服的困难有二：一是如何让AI理解真正的运动体验以提高实用性；二是AI生成鞋款往往趋同，需要让AI理解体育精神并生成个性化设计。

以为“中国网球现役一姐”郑钦文订制的鞋款为例（图5-17）可为此问题注解。最初，东方女性运动员的柔美与韧劲，被AI设计出了“疯狂而可笑”的原型，但随着与郑钦文交流的深入，逐步让AI学习到“运动员的真相”。在最终原型鞋中，Air模块以“盘龙”形式出现，提供硬地奔跑急停的支撑，龙鳞排列的凹痕，也具有极强牵引力，并减少摩擦损耗。

巨大投入并克服困难，让这些原型鞋终成实物，对于Nike来说，最宝贵的收获是成功让设计师们放下对AI设计的偏见，并找到了与AI合作的合理方式。一些Nike设计师也更加认同“AI是更锋利、更智能的铅笔”，而John Hoke则强调AI将在以后广泛成为Nike的“共谋者”。

二、Balmain品牌

Balmain在去年12月与美国艺术家Ant Kai及数字科技公司Space Runner合作，以生成式AI重新打造品牌标志性Unicorn鞋款（图5-18），同时包含限量版实体鞋，以及可供客制化的NFT数字藏品。

Balmain的Unicorn运动鞋由Safa Sahin负责打造，他是Balmain运动鞋设计部的主管，一直擅长打造非传统、带有浓厚未来感轮廓的球鞋。正如产品所现，该鞋颠覆经典运动鞋的刻板印象，其锐利的设计线条、非常规的鞋带系统布局和零散的鞋底单元，是设计师在空气力学和香烟快艇中汲取灵感。鞋底采用Balmain的创新技术，由八个分段模具制

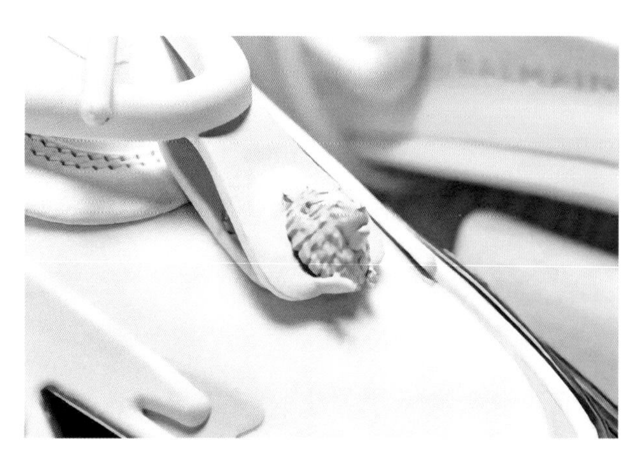
图5-19 Balmain标志性的狮头图案

成，这些模具组合在一起以包裹该品牌的减震缓冲系统。在运动鞋顶部是分层的哑光橡胶面板，这些面板像蝴蝶翅膀一样在皮革侧面展开。Balmain标志性的狮头图案位于鞋眼的尖端，创造了一个独一无二的“独角兽”形象（图5-19）。

仅仅只是鞋型外观的创新还不够，Balmain还特别邀请了运动鞋定制艺术家Ant Kai和科技公司Space Runners，推出了一款新颖的Unicorn运动鞋。这位来自西雅图的艺术家通过蓝白云朵图案为Balmain最狂野的运动鞋赋予了新的外观，而该元素正是他之前在New Balance 550和Nike × Off-White Dunk等鞋款上使用过的成功设计。这次合作不仅包括了实体运动鞋，还涉及了可个性化定制的虚拟版本。Ant Kai利用他的“云彩”风格重新设计了Balmain的Unicorn运动鞋，并提供了该产品的NFT版本。消费者可以通过Space Runners的生成式人工智能技术，自定义这款数字收藏品的颜色，并在Polygon区块链网络上进行铸造。这种创新的合作模式不仅为运动鞋爱好者提供了个性化的创造机会，也在品牌层面上展现了Balmain Unicorn运动鞋的艺

图5-20 Ant Kai利用“云彩”风格设计的运动鞋

术价值。Balmain希望这种先锋式的合作能成为其他高端品牌追求真实性和原创性的蓝图（图5-20）。

小结

本章通过丰富多样的服装品牌AI设计案例，全面展示了AI技术在服装设计领域的广泛应用。从女装、男装到童装，从高级定制到内衣、运动服装，再到箱包、鞋靴品牌，AI以其独特的算法和强大的数据处理能力，为各类服装品牌带来了设计创新与效率提升。这些案例不仅体现了AI在辅助设计、个性化定制、趋势预测等方面的优势，也预示着服装设计与AI技术融合的美好未来。通过本章的学习，读者可以深刻感受到AI为服装品牌注入的新活力，以及它为服装行业带来的无限可能。

思考题

1. AI如何帮助各品牌更好地满足其特定消费者的需求？
2. 选取一个你感兴趣的服装品类（如高级定制、运动服装等），分析AI技术在该领域内的创新应用，并探讨其对传统服装设计模式的影响与相应产生的变革。

练习题

1. 案例分析报告：选择本章中任一服装品牌AI设计案例，撰写一份详细的分析报告，包括品牌背景、AI应用的具体方式、设计效果及市场反馈等方面。
2. AI设计提案：基于你对某服装品牌的理解，设计一个利用AI技术进行产品设计的提案，明确设计目标、AI技术应用点及预期成果，并简要阐述实施计划。

第六章 AI设计中的伦理与未来趋势

学习目标 1. 理解AI设计中面临的伦理问题，包括原创性与版权归属的困境、数据隐私与安全的挑战，以及社会影响与公平性的考量，培养在AI设计中遵循伦理规范的能力。

2. 掌握AI时代服装设计行业的变革趋势，包括个性化定制与按需生产的兴起、跨界融合与协同创新的新常态，以及智能化供应链与物流的变革，提升在AI环境下进行服装设计创新的能力。

学习任务 1. 分析一个具体的AI设计案例，探讨其原创性与版权归属问题，并提出合理的解决方案。

2. 调研AI技术在服装设计行业中的应用现状，总结个性化定制与按需生产、跨界融合与协同创新、智能化供应链与物流变革等方面的发展趋势，并思考如何将这些趋势融入到自己的服装设计实践中，以提升设计作品的创新性和市场竞争力。

第一节

AI设计中的伦理问题

在当今AI快速发展的时代，服装设计这一传统创意领域正经历着前所未有的变革。AI技术的引入不仅极大地提高了设计效率与创新能力，也带来了一系列深刻而复杂的伦理问题。本节将深入探讨AI设计中的伦理问题，以期为该领域的健康发展提供思考与指导。

一、原创性与版权归属的困境

AI设计系统能够基于海量数据生成多样化的设计方案，这些设计在视觉上往往令人耳目一新，但随之而来的问题是：这些由AI生成的设计作品是否具有原创性？其版权应如何归属？传统上，原创性被视为设计师个人智慧与创造力的结晶，是作品受到法律保护的重要前提。然而，在AI设计中，设计方案的生成更多依赖于算法与数据的运算与组合，而非设计师的主观创意。这使得AI设计作品的原创性界定变得模糊且复杂。

另一方面，当AI设计作品进一步被用于商业目的时，其版权归属问题便更加凸显。一方面，AI系统的设计者与开发者在技术实现上付出了巨大努力，理应享有相应的权益；另一方面，设计师在运用AI系统时也可能对设计结果进行了调整与优化，同样应获得一定的版权份额。此外，AI设计还可能涉及多个参与者的合作与贡献，如数据提供者、算法优化者等，这也使得版权归属问题更加复杂多样。

为了解决这一问题，我们需要建立更加完善的法律框架与规范体系，明确AI设计作品的原创性标准与版权归属原则。同时，还应加强行业自律与伦理教育，引导设计师与技术人员树立正确的版权观念与道德意识。

二、数据隐私与安全的挑战

AI服装设计依赖于大量的数据输入与分析，这些数据往往涉及消费者的个人信息、购物习惯、审美偏好等敏感内容。在数据采集、处理与应用的过程中，如何确保个人隐私不被侵犯、数据安全得到保障成为了一个亟待解决的问题。

一方面，我们需要建立健全的数据保护机制与监管体系，对数据采集行为进行严格规范与监督；另一方面，还需要加强数据加密与防护技术的应用，确保数据在传输与存储过程中的安全性与可靠性。此外，对于涉及个人隐私的数据还应采取匿名化处理或脱敏技术以降低泄露风险。

然而，即使采取了上述措施也并不能完全消除数据隐私与安全的隐患。因为随着物联网技术的发展与普及，服装本身也可能成为数据收集与传输的载体之一。例如智能穿戴设备可以实时监测用户的身体数据、运动轨迹等信息并将其上传至云端进行分析处理。这虽然为用户提供了更加便捷与个性化的服务体验，但也使得数据隐私与安全面临着更加严峻的挑战。

因此，我们需要不断探索新的技术手段与管理模式以应对这一挑战。例如可以通过建立更加严格的用户授权机制与隐私保护政策，来保障用户的知情权与选择权；同时还可以通过加强跨行业合作与信息共享来共同构建安全可信的数据生态环境。

三、社会影响与公平性的考量

AI设计的应用不仅会对服装设计行业本身产生深远影响，还会对社会文化、经济发展乃至个体行为产生广泛而复杂的作用。因此我们需要从多个角度出发全面审视AI设计的社会影响与公平性问题。

首先，AI设计可能会加剧设计行业的两极分化现象。一方面拥有先进AI技术与设计资源的企业与个人将能够更加高效地生成高质量的设计作品并占据市场优势地位；另一方面，则可能导致部分缺乏技术支持与设计能力的设计师被边缘化甚至失业。这种不均衡的发展态势不仅会对设计师的职业生涯造成冲击，还可能对整个社会的就业结构与经济稳定产生不利影响。

其次，AI设计还可能引发一系列社会伦理问题。例如由于算法偏见或数据歧视导致的设计作品存在性别、种族、年龄等方面的刻板印象或歧视性内容；又如由于AI技术的过度应用而忽视了人类设计师的主观创造力与情感价值，从而降低了设计作品的人文关怀与艺术价值等。这些问题都需要引起高度重视并采取有效措施加以解决。

为了解决上述问题，我们需要从政策制定、技术研发、行业自律等多个方面入手，构建更加公平、包容、可持续的AI设计生态体系。例如，可以通过制定相关政策法规来规范AI设计的应用范围与标准；加强技术研发与创新以消除算法偏见与歧视性内容；加强行业自律与伦理教育，引导设计师与技术人员树立正确的价值观与道德观等。

第二节

AI时代的市场与设计模式

随着AI技术的不断成熟与应用场景的拓展，服装设计行业正迎来一场深刻的变革。AI不仅改变了设计师的工作方式与创作流程，还重塑了市场格局与设计模式。本节将分析AI时代下的市场与设计模式变化，并探讨其背后的逻辑与趋势。

一、个性化定制与按需生产的兴起

AI技术使得个性化定制成为可能，并推动了按需生产模式的发展。传统服装设计往往采用批量化生产方式，以满足大多数消费者的共同需求，然而随着消费者需求的日益多样化与个性化，这种生产方式已经难以满足市场需求。而AI技术则可以通过分析消费者的购物历史、社交媒体行为等数据来预测其个性化需求并为其量身定制设计方案。另一方面，厂家结合3D打印、智能制造等技术，可以实现快速响应与按需生产，从而大大提高了生产效率与灵活性。

个性化定制与按需生产模式的兴起，不仅满足了消费者对独特性和个性化的追求，也为企业带来了更多的商业机会。通过精准地把握消费者需求，企业可以更加有效地进行产品设计、生产与营销，降低库存风险，提高资源利用效率。此外，这种模式还促进了设计师与消费者之间的直接互动，使得设计更加贴近市场，更加符合消费者的实际需求。

然而，个性化定制与按需生产也面临着一些挑战。首先，技术门槛相对较高，需要企业在技术研发、设备购置等方面投入大量资源。其次，生产成本相对较高，尤其是当订单量较小时，单位产品的成本可能会上升。因此，企业需要不断优化生产流程，降低成本，提高生产效率，以应对这些挑战。

二、跨界融合与协同创新的新常态

AI时代下的服装设计不再局限于单一领域，而是呈现出跨界融合与协同创新的新常态。一方面，服装设计与其他领域的界限逐渐模糊，如时尚、艺术、科技等领域的交叉融合为服装设计带来了更多的灵感与可能性。另一方面，设计师与技术人员之间的合作也变得更加紧密，共同推动服装设计行业的创新与发展。

跨界融合与协同创新不仅丰富了服装设计的表现形式与内涵，还拓宽了设计师的视野与思路。通过与其他领域的交流与合作，设计师可以吸收更多的创意元素与先进技术，将其融入到服装设计中去，从而创造出更加独特、新颖的设计作品。同时，这种合作模式也有助于提升设计师的综合素养与创新能力，推动服装设计行业的整体水平不断提升。

三、智能化供应链与物流的变革

AI技术还推动了服装供应链与物流的智能化变革。传统供应链往往存在信息不对称、响应速度慢、库存积压等问题，而AI技术的应用则可以通过数据分析与预测来优化供应链各环节的管理与决策。例如，通过分析销售数据与市场趋势来预测未来需求并提前安排生产计划；通过实时监控库存情况来避免产品过度积压或短缺等问题；通过优化物流配送路线来降低运输成本并提高配送效率等。

智能化供应链与物流的变革不仅提高了服装行业的运营效率与响应速度还降低了运营成本与风险。同时这种变革还为消费者提供了更加便捷、高效的购物体验。例如，消费者可以通过智能推荐系统快速找到符合自己需求的产品；通过在线试衣功能来预览服装效果；通过快递追踪系统实时了解订单状态等。

然而智能化供应链与物流的变革也面临着一些挑战。例如，数据安全与隐私保护问题、技术兼容性问题、标准化与规范化问题等。因此，企业需要加强技术研发与创新，加强数据安全与隐私保护；加强与其他企业的合作与交流，共同推动标准化与规范化进程；加强员工培训与技能提升，以适应智能化变革带来的新要求。

第三节

AI设计的未来趋势

随着AI技术的不断发展与应用场景的不断拓展，AI设计在未来将呈现出更加多元化、智能化、可持续化的发展趋势。本节将探讨AI设计的未来趋势并展望其发展前景。

一、深度学习与自主创新的深化

深度学习作为AI技术的核心之一将在未来继续深化并推动AI设计的自主创新。通过不断学习与优化算法模型，AI设计系统将能够更加精准地捕捉消费者的需求与偏好，并生成更加符合市场需求的设计作品。同时AI设计系统还将具备更强的自主学习与创新能力，能够在没有人类干预的情况下自主进行设计与创新，从而推动服装设计行业的不断发展与进步。

二、可持续设计与环保材料的推广

随着全球环保意识的不断提高，可持续设计与环保材料将成为未来服装设计的重要趋势之一。AI技术将通过优化材料选择、降低生产能耗、提高资源回收利用率等方式，推动服装设计的绿色化转型。同时AI还将帮助设计师发现新的环保材料与生产方式，推动整个服装行业的可持续发展。未来我们有望看到更多采用环保材料制成的时尚服装产品，以及更加环保、高效的生产方式的出现。

三、情感化设计与人性化交互的增强

未来AI设计将更加注重情感化设计与人性化交互的体验。通过情感计算与智能交互技术，AI可以感知并理解消费者的情绪与需求变化，从而提供更加贴心、个性化的设计服务。例如，AI可以根据消费者的心情与场合推荐适合的服装搭配；通过虚拟现实技术，让消费者在虚拟空间中试穿服装并感受其效果

等。这些技术将使得服装不仅具有实用价值与审美价值，还成为传递情感与连接人心的桥梁。

四、跨模态创作与多领域融合的探索

未来AI设计还将探索跨模态创作与多领域融合的可能性。通过整合不同领域的知识与技术，AI可以实现跨模态的创作与表达，如将文字、图像、音频等多种信息形式融合在一起，创造出更加丰富多彩的设计作品。同时AI还将推动服装设计与其他领域的深度融合，如时尚、艺术、科技等领域的交叉融合，将为服装设计带来更多的灵感与可能性。这种跨模态创作与多领域融合的趋势，将推动服装设计行业的不断创新与发展。

小结

本章探讨了AI设计在伦理、市场与设计模式以及未来趋势方面的深远影响。首先，面对AI设计带来的原创性、版权、数据隐私等伦理挑战，我们呼吁建立更完善的法律与规范体系，并加强行业自律与伦理教育。其次，AI正推动个性化定制、跨界融合等市场与设计模式的深刻变革，为服装设计行业注入新活力。展望未来，AI设计将深化深度学习与自主创新，推广可持续设计与环保材料，增强情感化设计与人性化交互，并探索跨模态创作与多领域融合，引领服装设计行业的持续创新与发展。

思考题

1. 思考AI设计如何平衡原创性与版权归属问题？在AI设计中，如何界定由AI生成的设计作品的原创性，是一个复杂的问题。这些设计是基于算法与数据的组合，当AI设计作品被用于商业目的时，版权归属问题更加凸显。请探讨如何建立法律框架与规范体系，明确AI设计作品的原创性标准与版权归属。
2. 探讨AI设计对社会文化及经济有哪些影响？ AI设计改变了服装设计行业，同时对社会文化、经济发展产生了影响。请分析AI设计可能加剧的设计行业两极分化现象，以及可能引发的社会伦理问题，如算法偏见或数据歧视，并思考政策制定者、技术研发者及行业从业者应如何共同应对这些挑战。

参考文献

[1] 王洪亮 徐婵婵. 人工智能艺术与设计[M]. 北京：清华大学出版社，2022.

[2] 董占军，顾群业，李广福，王亚楠. 工智能设计概论[M].北京：清华大学出版社，2024.

[3] [美]肯斯·安德森. 自主AI设计：方法与实践[M].北京：机械工业出版社，2024.

[4] AIGC文画学院. AI绘画师：文案、图片与视频制作从入门到精通[M].北京：化学工业出版社，2023.

[5] 杨娟. 服装设计资源知识图谱研究[D]. 苏州大学，2022.

[6] 房芳. AI在服装设计领域的应用——以AIDA为例[J]. 时尚设计与工程，2024，(04)：32-34+48.

[7] 林宛瑾，姚佩旭. 人工智能(AI)在服装设计领域有效赋能探究[J]. 服装设计师，2024，(09)：77-80.

[8] 于家蓓，朱伟明. 大数据驱动的生成式AI在服装设计中的应用——以Midjourney为例[J]. 丝绸，2024，61(09)：20-27.

[9] 许建锋. AI绘画：Stable Diffusion从入门到精通[M]. 北京：清华大学出版社，2023.

[10] 易莉莉. 人工智能与服装设计的融合模式及其要求[J]. 毛纺科技，2017，45(10)：81-85.

[11] 卢啸. 人工智能技术下的服装款式设计[J]. 染整技术，2023，45(10)：75-77.